共享咖啡时光

——咖啡文化与制作技艺

◎主　审　楼波音
◎主　编　吴俊峰
◎副主编　董智慧　陈　英　严国华
◎参　编　乐建敏　吴　波　高　虹
钱　佳　魏燕丽　宋晓兰
史　锴　余　芳　姚荣红
王　妃　沈　洁　应婵琳

電子工業出版社
Publishing House of Electronics Industry
北京・BEIJING

内容简介

《共享咖啡时光——咖啡文化与制作技艺》是面向咖啡师和咖啡爱好者的推荐读本。读者将在一个个项目和任务中开启咖啡制作之旅。本书内容涵盖走进咖啡王国、意式咖啡制作、单品咖啡制作、咖啡饮品创意、咖啡出品与咖啡门店经营、咖啡与配餐6个项目31个任务。本书将带领读者领略咖啡文化，习得咖啡制作技艺，以便为咖啡师职业生涯打下基础。本书以情境创设导入，以岗位项目为模块，以工作任务为驱动，指向明确，操作性强，文字生动，内容通俗、轻松、实用、有趣。"学学做做"是咖啡师的练兵战场，其操作步骤清晰、配方科学；"知识链接"为咖啡文化的拓展内容；"反思评价"和"实践活动"则为项目和任务学习的课外作业。

全书图文并茂、生动有趣，兼具权威性、规范性、技巧性、知识性与时效性，既可供中职生、高职生使用，也可作为各类咖啡爱好者、咖啡师资培训的教材，也是机关、企事业单位、公司的咖啡文化休闲读本。

图书在版编目（CIP）数据

共享咖啡时光：咖啡文化与制作技艺 / 吴俊峰主编．—北京：电子工业出版社，2020.4

ISBN 978-7-121-36919-3

Ⅰ．①共… Ⅱ．①吴… Ⅲ．①咖啡—配制—中等专业学校—教材 Ⅳ．① TS273

中国版本图书馆 CIP 数据核字（2019）第 122382 号

责任编辑：王志宇
印　　刷：北京建宏印刷有限公司
装　　订：北京建宏印刷有限公司
出版发行：电子工业出版社
　　　　　北京市海淀区万寿路 173 信箱　邮编　100036
开　　本：787×1 092　1/16　印张：8.5　字数：217.6 千字
版　　次：2020 年 4 月第 1 版
印　　次：2025 年 2 月第 7 次印刷
定　　价：38.00 元

凡所购买电子工业出版社图书有缺损问题，请向购买书店调换。若书店售缺，请与本社发行部联系，联系及邮购电话：（010）88254888，88258888。

质量投诉请发邮件至zlts@phei.com.cn，盗版侵权举报请发邮件至dbqq@phei.com.cn。

本书咨询联系方式：（010）88254523，wangzy@phei.com.cn。

前　言
PREFACE

《共享咖啡时光——咖啡文化与制作技艺》一书讲述的是咖啡文化与制作技艺。“咖啡”一词源自希腊语“Kaweh”，意思是“力量与热情”。咖啡，可以陪伴我们度过许多惬意的时光，可以缩短人与人之间的距离。美餐之后，泡上一杯自制的手冲咖啡，读一份报纸或一本书，是一种享受；与同学、朋友、家人在咖啡厅共享温馨、舒适、美妙的咖啡时光，是一种相聚的幸福。今天越来越多的人爱喝咖啡，“咖啡文化”融入了人们的生活和工作，在家里、办公室等很多场合，人们都喜欢在咖啡香气围绕的环境中度过时光。它逐渐与时尚、现代生活联系在一起。让我们一起通过本书走进咖啡王国，享受学习咖啡、制作咖啡的乐趣，逐渐成长为一名咖啡达人、一名职业咖啡师、一名咖啡厅创业者。

本书由全国知名咖啡行业专家楼波音担任主审，吴俊峰担任主编，董智慧、陈英、严国华担任副主编，吴俊峰、董智慧、陈英、乐建敏、吴波、高虹、钱佳、魏燕丽、宋晓兰、史锴、余芳、姚荣红、王妃、沈洁、应婵琳老师参与了本书的编写工作，严国华制作了本书的电子课件。另外，本书部分图片和视频由杭州咖啡梦想学院和杭州嘉匠烘焙学院提供，在此一并致谢。

由于笔者水平有限，编写过程中难免出现疏漏，敬请读者批评指正。

吴俊峰

目录 CONTENTS

项目1 走进咖啡王国

任务1 咖啡产地之旅

任务2 咖啡烘焙之旅

任务3 咖啡器具之旅

任务1 咖啡产地之旅

情/境/导/入

咖啡是什么？一类植物、一种商品、一杯饮料……

咖啡是什么味道的？苦、酸、有点甜……

咖啡产自哪里？

咖啡农、贸易商、烘焙师、咖啡师、消费者形成了一个怎样的咖啡文化圈？

带着疑问，Sunny决心走进咖啡王国，开启一场关于咖啡文化的主题旅行。

咖啡文化与制作技艺微视频目录

“咖啡”一词源自希腊语“Kaweh”，意思是“力量与热情”。咖啡是茜草科，属常绿乔木，至今，地球上已经发现了一百多个系，但具有商业价值的咖啡只有大家熟知的阿拉比卡（Arabica）与罗布斯塔（Robusta），具体见图1-1～图1-4。

1．咖啡树

咖啡树生长在赤道两侧南纬25°到北纬25°之间的热带区域。气候是咖啡树种植的决定性因素。咖啡树只适合生长在热带和亚热带区域。

图1-1 阿拉比卡生豆

图1-2 阿拉比卡熟豆

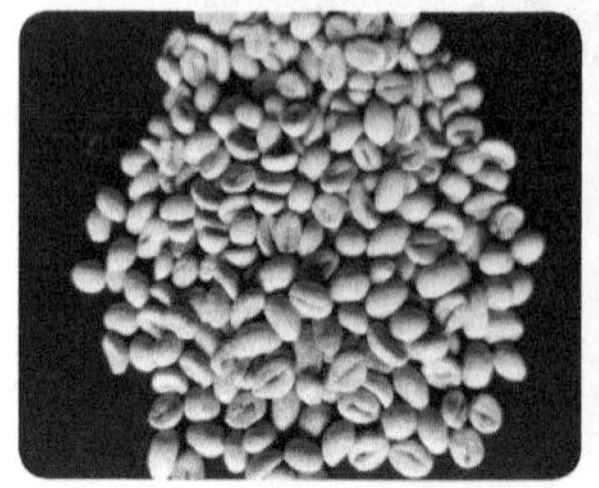

图1-3 罗布斯塔生豆

图1-4 罗布斯塔熟豆

2．咖啡豆

在咖啡果实中通常有两个半圆球形的种子，占据着约80%的空间，这就是我们通常看到的咖啡豆。咖啡果包括外果皮、果肉、果胶、硬膜（俗称“羊皮纸”，有些学者称其为内果皮）、内果胶（干后成为咖啡豆的“银皮”）、种胚（咖啡豆），详见图1–5～图1–7。

图1–5　成熟咖啡果外观图

图1–6　咖啡果对切图

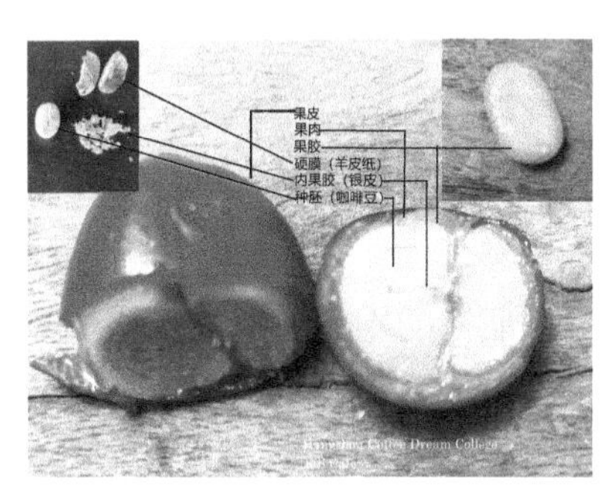

图1–7　咖啡果结构图

咖啡豆的采摘方式

咖啡豆的采摘有两种方式：一种是机械采摘，一次性把所有咖啡果都摘完。其优点是人工成本低，采收效率高，但容易混入较多未成熟果实，影响咖啡生豆最终的品质。另一种是人工采摘，以8～15天为间隔，只摘熟透的红色浆果，有选择性地采摘，该方式采摘费用高，劳动量大。

咖啡豆的加工处理方式

咖啡豆的加工处理方式有日晒干燥、水洗处理、半日晒处理、半水洗处理等处理方式。

日晒干燥法

日晒干燥法是咖啡豆加工中最原始、最廉价的方法，加工时要将收获的果实铺在水泥地面、砖地面或草席上，放在太阳底下晒，定时翻晒使之均匀，防止发酵。如遇下雨或是气温下降，必须把果实覆盖起来，以防止损害，如图1–8所示。

图1–8　日晒干燥法

水洗处理法

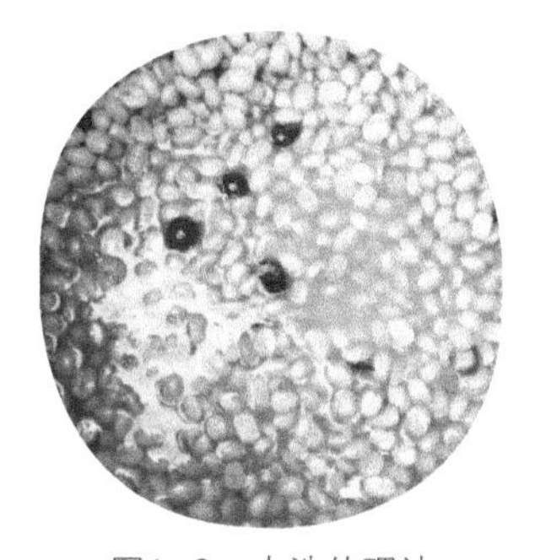
图1–9　水洗处理法

刚采摘下来的咖啡豆，先利用水的浮力，去除咖啡果中的空壳、树叶、树枝等杂质，然后通过脱皮机，将咖啡果肉剥离下来，这个过程中的间隔时间越短越好；接下来，将已经脱皮的带着果胶层的咖啡豆浸泡在水中，利用水中的乳酸菌等天然微生物使之发酵，约12～36小时，羊皮纸外的果胶会松软，容易被清洗干净。最后，咖啡处理工厂或咖农再将这些带着羊皮纸的湿漉漉的咖啡生豆拿去晾晒，待晾晒到水分在11%～13%时，才算完成，具体如图1–9所示。

一般经过水洗处理的咖啡豆在晒干后，都是带着羊皮纸保存。到出货前，才进行分级筛选，进行打磨去银皮等操作工序。

其他处理方式

在巴西及其他咖啡豆用作商业出产较多的国家，还有半日晒处理、半水洗处理等处理方式。这两种处理方式，介于日晒与水洗之间，但加入了机械干燥等程序，加快了咖啡生豆的处理流程。

咖啡豆选购

普通消费者在选购咖啡豆时，需要了解以下几个要素。

① 烘焙厂家的资质。尽量选择在经过专业认证的厂家选购咖啡豆。烘焙厂家处于咖啡产业链的中游，向上承接生豆贸易，向下进行批发零售。现在很多城市有一些精品咖啡厅，会自行烘焙咖啡豆，进行自用或销售，优先的高品质咖啡生豆，有经验的烘焙师和先进的设备是烘焙厂家的三大法宝。

② 烘焙的新鲜度。国产咖啡豆的保质期多数是12个月。而对大多数咖啡爱好者来说，拿到手的咖啡豆，当然是越新鲜越好。一般来说，单品咖啡豆最佳赏味期是常温保存下的1个月以内。而意式咖啡豆，则是生产完成、放置15日后，于3个月内饮用最佳，如果进行充氮保鲜，保质期会更长一些。

互动角

挑选圆豆：提供定量的咖啡豆，以小组为单位，在规定的时间内挑选咖啡圆豆，数量多的小组胜出。

通常一个咖啡果中会有两个种子，但是实际采摘后，有3%～5%左右的果实内只有一颗种子，该比例以品种不同而有所不同。原因是子房内的胚珠只有一个受精，这颗豆子成长为椭圆球形，俗称小圆豆。此咖啡豆会比一般的阿拉比卡咖啡豆小。不同类型咖啡豆的形态如图1-10～图1-13所示。

图1-10　咖啡圆豆生豆

图1-11　咖啡平豆生豆

图1-12　咖啡圆豆熟豆

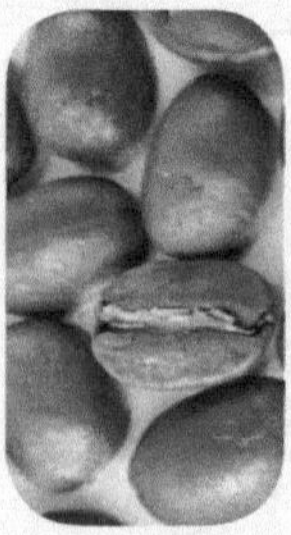

图1-13　咖啡平豆熟豆

任务2　咖啡烘焙之旅

情/境/导/入

喜欢咖啡文化的Sunny，计划在国庆假期约上自己的好朋友Lily，展开一段咖啡之旅，去寻访烘焙工厂店、街边的精品咖啡小店、写字楼里的连锁咖啡店，甚至地铁站的全自动咖啡量贩售卖机，体验每家咖啡厅的不同。Lily对咖啡之旅充满了期待。在此之前，她认为咖啡不过是速溶饮料，不健康也不好喝，Sunny则说好的咖啡需要好的豆子、好的烘焙技术、好的咖啡师。好咖啡还一定要现磨。如图1-14所示是位于杭州的诗夏咖啡厅。

图1-14　位于杭州的诗夏咖啡厅

咖啡的烘焙是一种高温的焦化作用，通过火焰的淬炼，使生豆内部成分转化，其中的蛋白质与糖分不断产生新的化合物，并重新组合，形成香气与醇味。在咖啡烘焙专业中，称为“焦糖化反应”和“美拉德反应”。在咖啡的处理过程中，烘焙是最难的一个步骤。它是一门科学，也是一门艺术。所以，在欧美国家，有经验的烘焙师享有极受尊重的地位。

1．烘焙阶段

第一阶段：去除水分。

咖啡生豆含水量为7%～11%，均匀分布于整颗咖啡豆中，水分较多时，咖啡豆不会变成褐色。这与制作料理时让食物褐化的道理一样。

第二阶段：转黄。

多余的水分蒸发后，咖啡豆褐化反应就开始了。这个阶段的咖啡豆结构仍然非常紧实且带着类似印度香米及烤面包的香气。

第三阶段：第一爆。

褐化反应开始加速，咖啡豆内开始产生大量的气体，大部分是二氧化碳，还有水蒸气，出现爆裂声。

第四阶段：风味发展阶段。

第一爆结束之后，咖啡豆表面看起来较为平滑，但仍有少许皱褶。

第五阶段：第二爆。

在这个阶段，咖啡豆再次出现爆裂声，不过声音较细微且更密集，爆裂的时间也会缩短。

烘焙各阶段示意图详见图1-15。

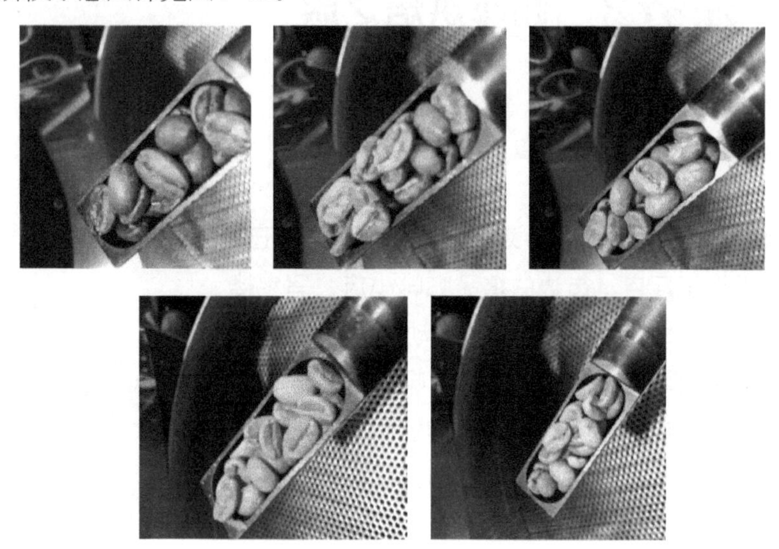

图1-15　烘焙各阶段示意图

2．烘焙程度

咖啡生豆通过烘焙，可以释放出咖啡特殊的香味。为使其顺利释放咖啡豆中蕴藏的香、酸、甘、苦，需要烘焙师了解每款豆子，掌控好烘焙器的火候，如图1-16所示为咖啡师烘焙咖啡豆的工作图。从淡而无味的生豆，到杯中余味无穷的咖啡，烘焙是在每颗咖啡豆的漫长旅行中，勾画其性格、孕育其香味的极其重要的一个步骤。可以说，烘焙师赋予了咖啡豆第二次生命。烘焙的基本原则：单品咖啡以中度烘焙为基准，按照咖啡豆本身的风味特征尽情开发。意式咖啡豆，一般需要达到城市烘焙以上的程度，且通过均衡、饱满、经济等因素考量烘焙的风味走向，组合咖啡豆的配方。

图1-16　咖啡师烘焙咖啡豆的工作图

为了建立共通的标准，美国精品咖啡协会（Specialty Coffee Association of America，SCAA）制定了一项分类标准。该协会收集了54个会员烘焙商的样本，以艾格壮咖啡烘焙度分析仪（Agtron Coffee Roast Analyzer）判读与分析为基准，将黑色设为0，白色设为100，介于其间的明暗分为8个等分，代表8个烘焙等级。而后制成8个标准色卡，颜色由浅入深，代表8种烘焙度的标准，提供给烘焙者以作比对之用。

烘焙程度编号和烘培度名称对应表如表1-1所示，烘焙度名称比较复杂，但如果只记数字，就简单得多。数字越小，表示烘焙度越高。

表1-1 烘焙程度编号和烘培度名称对应表

烘焙程度编号	烘焙度名称
95	浅烘
85	肉桂
75	中度
65	高度
55	城市
45	深城市
35	法式
25	意式

互动角

咖啡的常见误区

随着精品咖啡的推广，越来越多的人开始喝咖啡。但人们对咖啡却有很多误解，让我们一起来看看真相吧！抹茶拿铁、红茶拿铁中有咖啡吗？浓缩咖啡内的咖啡因含量高还是手冲咖啡内的含量高？咖啡会苦是因为含有咖啡因吗？

1. 抹茶拿铁、红茶拿铁中有咖啡吗？

答案是否定的，红茶拿铁和抹茶拿铁中并没有咖啡，仅仅是红茶、抹茶液与牛奶奶泡的融合。如图1-17所示为抹茶拿铁。

图1-17 抹茶拿铁

2. 浓缩咖啡内的咖啡因含量高还是手冲咖啡内的含量高？

图1-18 浓缩咖啡

图1-19 手冲咖啡

这个问题没有绝对准确的答案，只能说，相同体积、相同豆种的手冲咖啡和浓缩咖啡，浓缩咖啡中的咖啡因含量比较高，因为浓缩咖啡的密度大。如图1-18所示为浓缩咖啡，如图1-19所示为手冲咖啡。

任务3 咖啡器具之旅

◆ 情/境/导/入 ◆

Lily与Sunny开启咖啡文化之旅后，渴望入手一套咖啡设备，可以在家里自制（Do It Yourself，DIY）一杯美味的咖啡。Lily打开购物网站，琳琅满目的咖啡器具，价格从几元到几万元不等，让她无从下手。看到咖啡厅里放在货架上的形形色色的器具，设计美观，既是展品又是商品，于是她决定开启一次咖啡厅之旅，认识咖啡器具。

咖啡器具，指研磨、制作和品尝咖啡的器具。本书主要介绍意式咖啡机、手冲过滤式咖啡器具和其他器具。

1．意式咖啡机

意式咖啡机利用高压蒸汽瞬间制作出的咖啡温度很高，咖啡因等杂质的含量很低，并且口感浓郁。意式咖啡机分为全自动式与半自动式，我们先来看看半自动咖啡机及其辅助工具，如图1-20所示为意式半自动咖啡机。

粉锤如图1-21所示，是为了将手柄内的咖啡粉压平、夯实，形成一个平实的水平面，更好地让热水对咖啡粉进行萃取，也为了让咖啡粉能承受住咖啡机萃取时产生的巨大压力，不至于被冲散而影响萃取质量。粉锤有不同大小及不同形状的底面以契合咖啡机。

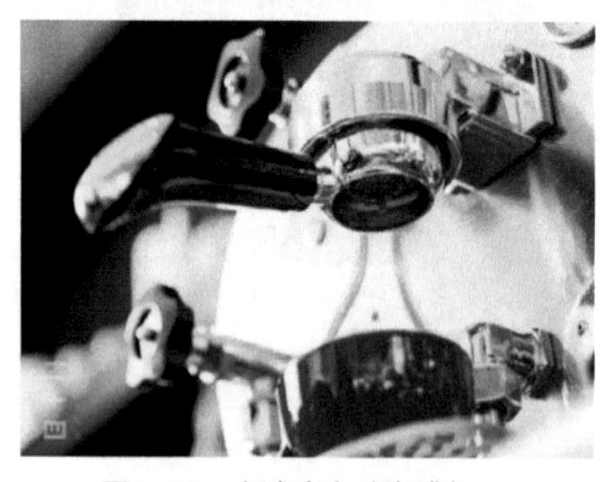

图1-20 意式半自动咖啡机

图1-21 粉锤

意式磨豆机如图1-22所示，是意式咖啡机专门配套使用的磨豆机，使用意式磨豆机需要将咖啡豆磨到面粉粗细，所以对其刀盘的要求比滴滤式咖啡机更高。

布粉器如图1-23所示，配合意式咖啡机使用的布粉器，是使接到粉碗中的咖啡粉分布均匀以方便接下来压粉，使咖啡粉饼均匀透水的装置。布粉器也有不同的类型，有桨形、一字形、螺纹形等。

图1-22　意式磨豆机

图1-23　布粉器

2．手冲过滤式咖啡器具

随着咖啡文化的普及，自己动手制作咖啡已成为咖啡爱好者的一种选择，其中，选择用手冲过滤工具制作咖啡的人最多。制作一杯手冲过滤式咖啡，需要磨豆机、滤杯、滤纸、底壶、手冲壶、电子秤等器具。

常用滤杯（三孔和V60）如图1-24所示，目前最常用的是锥形滤杯、扇形滤杯（聪明杯属于扇形滤杯，浸泡过滤式萃取），有些咖啡厅也会使用蛋糕杯；滤杯的材质也有很多种，如玻璃、树脂、金属、陶瓷等，滤杯的作用是支撑滤纸过滤咖啡。

图1-24　常用滤杯（三孔和V60）

滤纸如图1-25所示，一般都和滤杯匹配使用，为的是更好地贴合滤杯，进而更好地萃取咖啡。咖啡滤纸有各种不同的形状，有锥形、蛋糕形、丸形等。同时也有不同颜色的滤纸，白色滤纸是经酵素漂白过的；浅棕色的是未经漂白的原浆滤纸，所以纸味会更重一些。滤纸质量的重要衡量因素就是纸味的轻重、透水性是否良好、是否和滤杯贴合等。

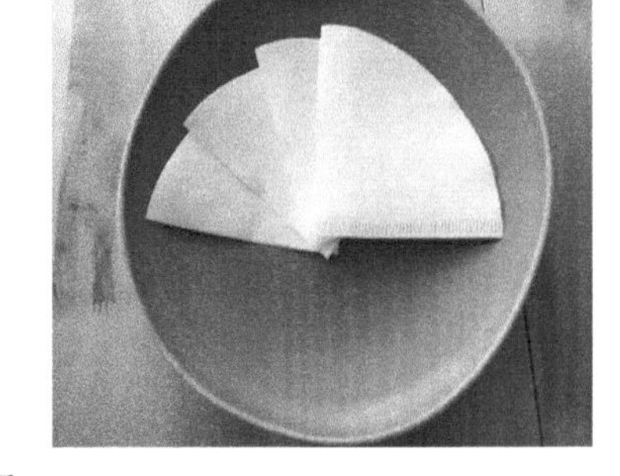

图1-25　滤纸

底壶如图1-26所示，也称为分享壶，一般使用的材质是耐热玻璃，常见的是上窄下宽的梯形分享壶，如今也出现了很多不同造型的分享壶。

手冲壶如图1–27所示，为了增加水的压力和提高注水的稳定性，手冲壶的设计都将重量集中在下部，采用底宽上窄的形状，壶身呈梯形和圆筒形。为控制水流，壶颈有天鹅颈型和细管型，壶口有唇型和直线型。

图1–26　底壶

图1–27　手冲壶

3．其他器具

法压壶是全程法式压渗壶，属于浸泡过滤式萃取，一般壶体用的都是玻璃材质、金属过滤网。其最大的特点是萃取简单，便于携带。

摩卡壶如图1–28所示，是加热加压过滤式萃取器具，可以萃取相对比较浓郁的咖啡，但千万不要以为它是制作摩卡咖啡的壶。一般摩卡壶是铝合金制的，用明火或电热炉具加热萃取，但现在为了方便在电磁炉上加热，也出现了很多不锈钢材质的摩卡壶。

虹吸壶如图1–29所示，是加热过滤式萃取器具，虹吸壶的使用方法相对比较复杂，萃取过程如同科学实验，观赏性很强。虹吸壶的材质都是耐热玻璃，利用加热装置（酒精灯、瓦斯炉、卤素灯）来加热。虹吸壶在使用时需要格外小心，需避免壶身外有水滴，也要避免碰倒虹吸壶。

图1–28　摩卡壶

图1–29　虹吸壶

爱乐压如图1–30所示，是过滤式萃取器具，一般由PET（polyethylene terephthalate，聚对苯二甲酸乙二醇酯）（不含BPA，bisphenol A，双酚基丙烷）、PP（polypropylene，聚丙烯,）及热可塑性弹性体三种材质组合制成，更耐用也更便于携带。

全自动咖啡机如图1–31所示，能实现咖啡萃取全过程的自动控制。

图1-30 爱乐压

图1-31 全自动咖啡机

高品质的全自动咖啡机按照科学的数据和程序来制作咖啡，而且有完善的保护系统，使用起来很方便，只需轻轻一按就可制作咖啡。

互动角

著名咖啡师访谈

在生活中，你是否曾经在某个小小的咖啡厅里喝到过一杯令自己惊艳不已的咖啡？那可能就是隐藏在我们身边的咖啡大师的杰作，试着去找到他们，并和他们交谈，了解他们对于咖啡的付出与学习咖啡的心路历程，得到一些有用的建议。

2016年6月25日，在爱尔兰首都都柏林举办的世界咖啡师大赛（World Barista Championship，WBC）上，吴则霖（Berg Wu）成为首个来自中国台湾的世界咖啡师大赛冠军。

小记者：非常荣幸见到世界咖啡师大赛冠军，能否谈谈您为什么能取得成功？

吴则霖：今年我们在赛前做了充分的准备工作，我们考虑到了牛奶、磨豆机、当地气候、温度及湿度对于咖啡制作的影响。以牛奶为例，在2014年意大利里米尼举办的世界咖啡师大赛中，牛奶给我们带来了不小的麻烦，因为我们在台湾使用的基本都是经过超高温处理的牛奶，在比赛前我们根本尝不出意大利当地生产的不同品牌牛奶之间的差别，为此我们付出了惨痛的代价。所以今年在参加比赛之前，我们在台北进行了严苛的牛奶品鉴练习，以保证在比赛当中能挑选出品质最佳的牛奶。

项目2 意式咖啡制作

任务1 认识意式咖啡

情/境/导/入

意大利有一句名言：男人要像好咖啡，既强劲又充满热情！英文名称为Espresso的意式浓缩咖啡，浓稠滚烫，好似从地狱逃上来的魔鬼，每每让人一饮便陷入不可言喻的感受中，难以忘怀。而就目前的世界咖啡市场而言，真正流行的并不是意式咖啡，而是以意式咖啡为基底制作出来的各种花式咖啡，包括卡布奇诺、拿铁、美式、摩卡等。

请同学们以小组为单位，通过品尝Espresso、小组讨论、参观访问、网上搜索等方式，总结一杯好的Espresso需要具备哪些要素。

学/学/认/认

什么是意式咖啡?

意大利人发明的，由压力达到9 Pa左右的蒸汽压力咖啡机泵出的热水，透过经填压均匀后的极细研磨的咖啡粉，快速获取的浓稠绵密的咖啡液体，就是我们常见的意式浓缩咖啡。意式浓缩咖啡萃取如图2-1所示。一杯标准的单份意式浓缩咖啡，其萃取出来的液体量为30 ml。以意式浓缩咖啡为基底，与牛奶、奶沫、巧克力或冰激凌等搭配组合，形成大家常喝的拿铁、卡布奇诺、玛奇朵或摩卡等各种意式风味咖啡，统称意式咖啡。因此，意式咖啡是一个系统，是一个以蒸汽压力咖啡机（含全自动咖啡机及半自动咖啡机）快速萃取出来的浓缩咖啡为基础的体系。

图2-1 意式浓缩咖啡萃取

意式咖啡机

意式咖啡机是利用高温高压快速制作咖啡的机器，如图2-2所示，按锅炉类别可分为单锅炉热交换式、双锅炉热交换式及多锅炉热交换式；按操作方式可分为手动、自动、半自动、全自动等。而专业的咖啡经营场所多采用自动和半自动咖啡机，所以，作为专业咖啡师，我们主要学习这两种咖啡机的使用方法。自动咖啡机可以通过电控板设定冲煮咖啡用水的流量及时间，更高级一点的自动咖啡机还可通过电控板调节水压、锅炉压力、水温等。相对于自动咖啡机而言，半自动咖啡机需由咖啡师控制冲煮咖啡用水的流量及时间。世界咖啡师大赛也要求由咖啡师控制冲煮咖啡用水的流量及时间，故在以后的学习中，如果没有对咖啡机进行特别说明，都指意式半自动咖啡机。

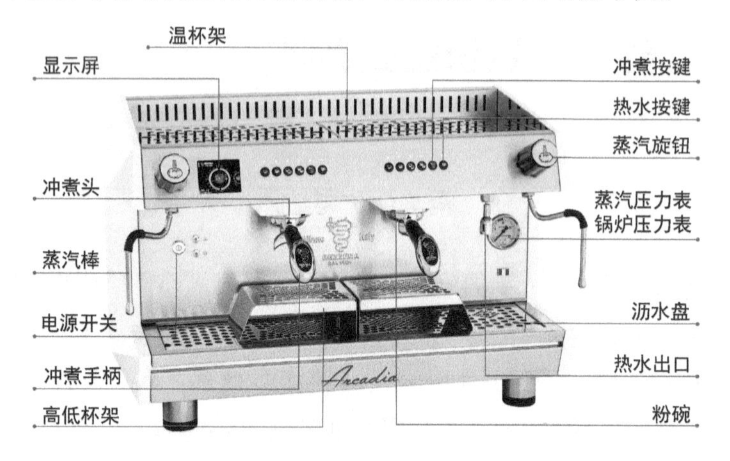

图2-2　意式咖啡机

意式咖啡豆

意式咖啡豆如图2-3所示，其分为两种，一种是拼配豆（Espresso Blend），顾名思义，是指将两种或两种以上不同品种的咖啡豆混合在一起；另一种是单品豆，指“单一产地、单一品种的咖啡豆”。单品豆做出来的意式浓缩咖啡称为SOE（Single Origin Espresso）。SOE的豆子，通常风味要求比较高，且烘焙度与用来做单品手冲咖啡的不一样。一般来说，风味辨识度高、口感较平衡、醇厚度较好的豆子均适合。

图2-3　意式咖啡豆

大部分咖啡厅使用拼配豆来制作意式浓缩咖啡，主要出于以下几种目的。

（1）稳定的风味。由于咖啡豆是一种农作物，所以即使是同一种咖啡豆，它的风味每年也会有所不同，所以将几种咖啡豆混合在一起就很好地解决了这个问题，可以使每年的风味基本保持一致。

（2）平衡口感。意式咖啡机有一个特点，就是会将咖啡豆最显著的风味特点放大。如果咖啡豆较苦，则做出的Espresso会异常苦；如果偏酸，就会非常酸。所以我们需要通过拼配来平衡各种味道。

（3）降低成本。由于咖啡产区经常会受到天灾人祸的影响而减产，在拼配时，只需要找一个风味相近的咖啡豆将配方中相应的咖啡豆换掉就可以了。

（4）专属的咖啡风味。用不同产区、经过不同方式处理的咖啡豆进行拼配，能让咖啡豆在风味和口感上互相取长补短，调和出风味绝佳的混合咖啡豆。再加上咖啡烘焙师了解每种咖啡豆的特色，混合后能创造出全新的风味。因此，烘焙咖啡高手对混合咖啡豆和烘焙咖啡豆的知识往往讳莫如深，将其当作行业的最高机密。通过不同的咖啡豆拼配，加上不同的咖啡烘焙方法，能打造出咖啡的独特风味和口感，这也是现在城市中出现的很多精品咖啡厅和注重咖啡品质的咖啡厅开启自主烘焙的最初动机。

意式浓缩咖啡

意式浓缩咖啡（Espresso）如图2–4所示，是意式咖啡的精髓，其做法起源于意大利，在意大利文中是“特别快”的意思，其特征是利用蒸汽压力，瞬间将咖啡液萃取出来。

图2–4　意式浓缩咖啡（Espresso）

所有的牛奶咖啡或花式咖啡都是以Espresso为基础制作出来的。所以Espresso是检验一杯咖啡品质好坏的关键。

在意大利咖啡厅里，喝Espresso不需要很特别的环境，有时甚至不需要桌子。很多人都喜欢站在吧台边，看咖啡师怎么优美流畅地制作一杯Espresso，然后端过来，用二、三秒钟的时间就把它喝光。在意大利或法国，还有人会在早餐喝完浓缩咖啡后，撕一小块手中的面包，将粘在杯中的咖啡液体擦干净，再满足地吃掉，然后迅速离开，开始一天的工作或生活。

知/识/链/接

意式咖啡机的演变历史

1885年，意大利人Angelo Moriondo发明了蒸汽式咖啡机，这台机器有个大锅炉能将水加热，并形成1.5 Pa的内压力，可根据需求调整水量，借由另一个锅炉产生的蒸汽冲过咖啡粉层，最终完成冲煮。

1901年，米兰设计师Luigu Bezzera设计的咖啡机申请专利成功。

1902年，Bezzera的友人Desiderio Pavoni在这台机器的基础上添加了卸压活塞装置，还将此种机器商业化，进行生产销售。

1903年，Bezzera因财务困难以一万里拉（意大利货币）的价格将专利权转卖给Pavoni。

1905年，La Pavoni公司宣布成立。

1906年，意大利人Arduino申请专利，在机器内装入一个热交换器来快速地将水加热。

1909年，Luigi Giarlotto在机器内加入了泵，从而解决了萃取压力不足的问题。

1910年，Luigi Giarlotto的第二个专利为螺旋下压式活塞，可将咖啡所有的美味由活塞挤出。

1935年，Illy博士发明了第一台使用压缩空气来推动水通过咖啡粉的机器。

1938年，意大利人阿其加夏发明了带有活塞压杆的咖啡机，是首次不用蒸汽压力的咖啡机。

1948年，Gaggia将活塞式杠杆弹簧咖啡机引进市场，开始量产。

1955年，Giampietro Saccani更新了技术，维持了冲煮头温度的稳定。

1961年，飞马（FAEMA）公司推出的E61咖啡机，确立了热交换式子母锅炉的结构（现在大多数中低端商用咖啡机采用此结构），确立了绝大多数商用咖啡机的冲煮头规格——E61（58 mm粉碗，冲煮手柄与咖啡机接触），E61同时实现了简单的预浸泡及冲煮头的保温。

20世纪80年代，电子技术和计算机技术的发展让意式咖啡机可以更轻松地制作高品质的意式浓缩咖啡。

2011年，Nuova Simonelli 开创性地研发了T3技术多锅炉系统。

反/思/评/价

1. 星巴克里有哪些咖啡品种？
2. 制作意式咖啡时，对咖啡豆有什么要求？
3. 学了这个任务后，我的体会是什么？

____

____

____

实/践/活/动

活动主题：我是一名咖啡师。

请同学们自主动手制作一杯Espresso。

任务2　意式浓缩萃取

◆ 情/境/导/入 ◆

Espresso是一种快速调制的咖啡，调制的原理是压力而非重力。

请同学们以小组为单位，按照操作要求及步骤，自己制作一杯Espresso。

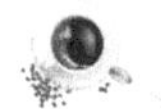

◆ 学/学/做/做 ◆

意式浓缩萃取

萃取原理

意式咖啡机（见图2-5）利用高压热水快速冲泡的方法萃取咖啡。这种咖啡机，内部有一个热水炉，热水炉的中间有一个热交换器，进入咖啡机的水经过热交换器快速加热后，冲过咖啡粉，萃取出意式浓缩咖啡（见视频2-1）。

视频2-1
意式浓缩萃取视频

【材料器具准备】

制作意式咖啡的材料器具如图2-5所示。

图2-5　制作意式咖啡的材料器具

磨豆机

秤

粉锤

抹布1

抹布2

咖啡豆

咖啡杯

图2-5 制作意式咖啡的材料器具（续）

【操作步骤】

制作意式咖啡的操作一览表见表2-1。

表2-1 制作意式咖啡的操作一览表

操作要领图	操作步骤	注意事项	备注
	1. 将干净的咖啡杯放在咖啡机温杯架上	温杯	
	2. 取下扣在冲煮头上的冲煮手柄	冲煮手柄要一直扣在冲煮头上保温，不要放在落水盘等其他地方，不然煮咖啡时，低温的冲煮手柄会使冲煮水温降低而造成咖啡变味	建议粉量： 17～22克 粉液重量比： 1:1.5～1:2.0
	3. 用专用抹布清洁粉碗，确保粉碗干燥	粉碗内要保证绝对干燥。如果粉碗内有水，咖啡粉沾水后，咖啡萃取过程会在冲煮前就开始，造成萃取过度。另外，也会使咖啡粉结块，造成填压不均匀。还有，冲煮手柄的分流嘴也要擦干，防止沾在上面的咖啡粉流到杯里	

续表

操作要领图	操作步骤	注意事项	备注
	4．将手柄放置在秤上，归零	质量归零	
	5．取粉：将手柄放置在磨豆机的接粉处，按下双份键，称重	保证粉量一致，如没有达到理想的粉量，可按手动键再次接粉	
	6．称咖啡粉的重量	建议粉量：17～22 g	水温：91～94 ℃ 水压：900 kPa 萃取时间：25±5秒
 	7．布粉：将粉平整地布满整个粉碗（如有多余的粉，直接抹掉），确保布粉动作一致	确保布粉动作一致，包括但不限于用手指抹平、用手掌根部轻拍粉碗	
	8．填压：将粉锤平整地下压，前后一致。确保填压动作一致，包括但不限于填压的次数和力量、手柄的角度	填压的力要保持垂直向下	

续表

操作要领图	操作步骤	注意事项	备注
	9．手柄的两耳、粉碗的边沿、手柄的把柄、分流嘴都要清洁到位	清洁到位	
	10．放水3秒以清除水管里的残水及分水网上的残粉	清除残留	
	11．用专用抹布清洁落水盘	专用抹布	
	12．扣上手柄，立即按键萃取	扣上后要马上按冲煮键，然后再拿咖啡杯。因为咖啡粉在高温冲煮手柄内时间过长会灼伤咖啡，造成咖啡变苦	
	13．从温杯架上取下杯子，放在落水盘上，接住从手柄分流嘴处流下的咖啡	温热的咖啡杯	
	14．完成萃取，将推杆拨回。注意观察咖啡液的颜色，判断是否停止萃取	注意观察咖啡液的颜色，从深变浅，颜色变白就说明萃取过度，应该在变白之前结束萃取	

磨豆机使用注意事项：

1. 确保豆仓内有足够多的咖啡豆，并且豆仓与磨刀之间的阀门打开，让咖啡豆能够顺利落入研磨区域。

2. 超过30分钟未使用的话，使用前需按手动键4秒，将研磨出来的咖啡粉丢弃，这些已氧化了的残粉，咖啡的芳香物质已遭到了破坏。

◆ 反/思/评/价 ◆

根据所学知识，制作一杯Espresso，并进行自我评价。

序　号	项　目	完成情况	
		是	否
1	Crema（意式咖啡沫）呈现金黄色		
2	萃取时间在正常范围内		
3	萃取容量在正常范围内		

◆ 实/践/活/动 ◆

活动主题：Espresso的品鉴

请同学们按照品鉴三部曲，为自己制作的Espresso打分。看：油脂小气泡是否细致而平均地分布于杯面。闻：把鼻子凑近杯子，闻闻香气是否纯粹。喝：喝一小口并用舌头在口中搅动，感受其苦、酸、醇、甘度，尤其是入喉后5～10分钟的咖啡回甘及余韵。

任务3 制作卡布奇诺咖啡

◆ 情/境/导/入 ◆

不知是因为卡布奇诺咖啡的经典传说，还是因为卡布奇诺的时尚演绎，其成为全世界咖啡厅中点单率最高的咖啡饮品之一。卡布奇诺咖啡的魅力在于，其让人们不只是品饮咖啡，而是变成一种生活习惯，甚至是一种优雅品味，那么，让我们来制作一杯卡布奇诺咖啡吧。

◆ 学/学/做/做 ◆

意式浓缩萃取

卡布奇诺（Cappuccino）

卡布奇诺（见图2-6）是一种以同量的意大利特浓咖啡和蒸汽泡沫牛奶相混合的意大利咖啡。此咖啡的颜色，就像卡布奇诺教会的修士在深褐色的外衣上覆上一条头巾一样，因此得名。传统的卡布奇诺咖啡由三分之一的浓缩咖啡、三分之一的蒸汽牛奶和三分之一的泡沫牛奶混合而成，并在上面撒上小颗粒的肉桂粉末。

图2-6　卡布奇诺

【材料器具准备】

制作卡布奇诺的材料器具如图2-7所示。

卡布奇诺杯（180 ml）、碟

意式磨豆机

秤

粉锤

抹布2块（分别用于擦粉碗和落水台）

冷藏全脂牛奶

拉花缸

图2-7　制作卡布奇诺的材料器具

【操作步骤】

制作卡布奇诺的操作一览表见表2-2。

表2-2　制作卡布奇诺的操作一览表

操作要领图	操作步骤	备　注
	1. 将干净的咖啡杯放在咖啡机温杯架上	建议粉量：17～22 g 粉液重量比：1:1.5～1:2.0 萃取时间：25±5秒

续表

<table>
<tr><th>操作要领图</th><th>操作步骤</th><th>备注</th></tr>
<tr><td></td><td>2. 取下扣在冲煮头上的冲煮手柄</td><td rowspan="2">建议牛奶量：单杯用350 ml的奶缸，倒入160 g冷藏牛奶；两杯用500 ml的奶缸，倒入240 g冷藏牛奶</td></tr>
<tr><td></td><td>3. 用专用抹布清洁粉碗，确保粉碗干燥</td></tr>
<tr><td>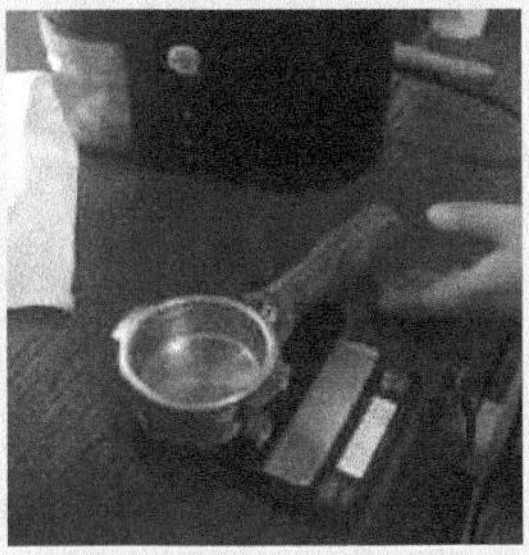</td><td>4. 将手柄放置在秤上，归零</td><td>质量归零</td></tr>
<tr><td> </td><td>5. 取粉：将手柄放置在磨豆机的接粉处，按下双份键，称重，保证粉量一致</td><td>如果没有达到理想的粉量，可按手动键再次接粉</td></tr>
<tr><td> </td><td>6. 布粉：将粉平整地布满整个粉碗（如有多余的粉，直接抹掉）</td><td>确保布粉动作一致，包括但不限于用手指抹平，用手掌根部轻拍粉碗</td></tr>
</table>

续表

操作要领图	操作步骤	备注
	7．填压：将粉锤平整地下压，前后一致	确保填压动作一致，包括但不限于填压的次数和力量、手柄的角度
	8．手柄的两耳、粉碗的边沿、手柄的把柄、分流嘴都要清洁到位	清洁到位
	9．放水3秒以清除水管里的残水及分水网上的残粉	清除残留
	10．用专用抹布清洁落水盘	专用抹布
	11．扣上手柄，立即按键萃取	扣上后要马上按冲煮键，然后再拿咖啡杯。因为咖啡粉在高温冲煮手柄内时间过长会灼伤咖啡，造成咖啡变苦
	12．从温杯架上取下杯子，放在落水盘上，接住从手柄分流嘴处流下的咖啡	用温热的咖啡杯
	13．完成萃取，将推杆拨回。注意观察咖啡的颜色，判断是否停止萃取	萃取时间：25 ± 5秒

续表

操作要领图	操 作 步 骤	备 注
	14. 清洁：用专用抹布擦拭蒸汽头和蒸汽棒，确保无奶垢，确保空喷蒸汽棒内无冷凝水残留	建议：打发牛奶可在第14～17步停止萃取前同时进行，提高效率
	15. 将蒸汽棒插入牛奶液面下1 cm，在3点钟方向（以奶缸嘴为12点钟方向），距离奶缸壁约1 cm	打奶泡技术要领严格遵循第15～16步的步骤，并反复训练
 	16. 打开蒸汽开关（开到最大），当牛奶开始旋转时，往下匀速移动奶缸，将蒸汽打进去，这时会有“嗞嗞”声，产生奶泡，牛奶会膨胀。（注意：当牛奶膨胀液面上升到8分满时，停止往下移动奶缸，保持不动）观察牛奶液面，保持牛奶的旋转，将较大的奶泡卷入牛奶中使其变得细腻绵密。当牛奶的温度达到60 ℃左右时，关掉蒸汽开关，拿下奶缸	

续表

操作要领图	操作步骤	备注
  	17．清洁：用专用抹布擦拭蒸汽头和蒸汽棒，确保无奶垢，确保空喷蒸汽棒内无残奶残留	打奶泡技术要领严格遵循第15步～16步的步骤，并反复训练
 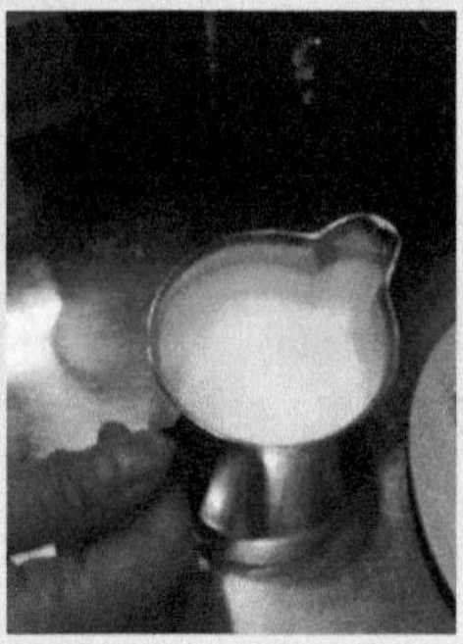	18．顿一顿并摇晃奶缸，使奶泡更细腻、光亮	制作两杯卡布奇诺的步骤
	19．分奶：迅速将奶泡分到另一个奶缸，确保两缸的牛奶量一致	两缸的牛奶量一致
	20．左手握住杯底或用手指捏住杯柄，将杯子倾斜45°，右手拿起奶缸，找到浓缩液的中心点，注入牛奶	杯子倾斜45°

续表

操作要领图	操作步骤	备注
	21．轻轻晃动杯子或者打圈旋转，让牛奶与咖啡充分融合	牛奶与咖啡充分融合
	22．至7分满时，压低奶缸口，在中心点倾倒奶泡，使其浮于咖啡表面，形成白色圆形	
	23．至9分满时，慢慢摆正杯子，抬高奶缸口，奶缸向前移动，使圆形图案的线条受到拉动，迅速收掉牛奶泡，勾画出心形的尾巴，心形图案成形	拉花艺术具体见微视频
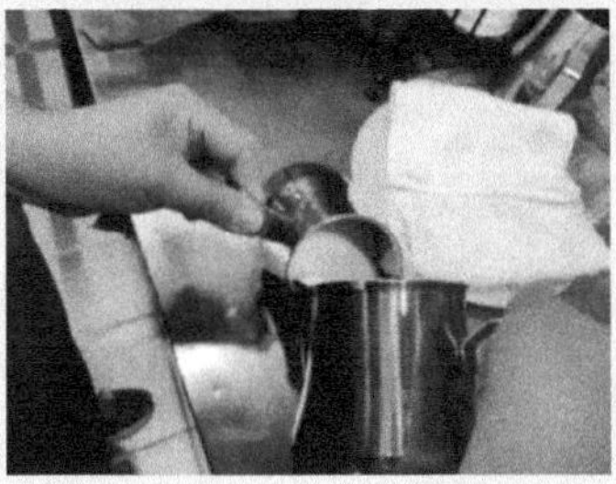	24．将剩余牛奶倒在一起摇匀，开始制作另一杯卡布奇诺，重复步骤20～23	

具体制作过程见视频2-2：卡布奇诺咖啡萃取视频。

视频2-2
卡布奇诺咖啡萃取视频

焦糖玛奇朵（Caramel Macchiato）

图2-8　焦糖玛奇朵

焦糖玛奇朵（见图2-8）是先在咖啡杯中加入焦糖浆，再在浓缩咖啡中加入打发好的牛奶，然后在奶泡液面上淋上焦糖而制成的饮品，融合三种不同风味。Macchiato是意大利文，意思是“烙印”和“印染”，中文音译为“玛奇朵”。“Caramel”意思是“焦糖”。焦糖玛奇朵，寓意“甜蜜的印记”。

【材料器具】

增加焦糖酱，其余同卡布奇诺。

【操作步骤】

制作焦糖玛奇朵的操作一览表见表2-3。

表2-3　制作焦糖玛奇朵的操作一览表

操作要领图	操作步骤	备　注
	1．先在温好的杯子底部，挤入或用糖浆压取器压取5 ml左右的焦糖糖浆，然后再开始萃取浓缩咖啡	建议粉量：17～22 g 粉液重量比：1:1.5～1:2.0 萃取时间：25±5秒 建议牛奶量：单杯用350 ml的奶缸，倒入160 g冷藏牛奶；两杯用500 ml的奶缸，倒入240 g冷藏牛奶
	2．将干净的咖啡杯放在咖啡机温杯架上	
	3．取下扣在冲煮头上的冲煮手柄	

续表

操作要领图	操 作 步 骤	备　注
	4．用专用抹布清洁粉碗，确保粉碗干燥	
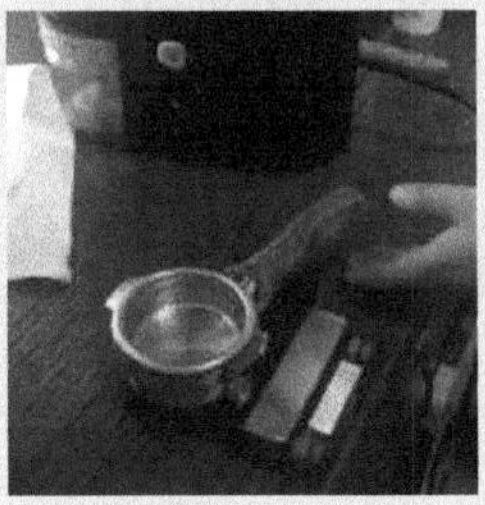	5．将手柄放置在秤上，归零	质量归零
 	6．取粉：将手柄放置在磨豆机的接粉处，按下双份键，称重，保证粉量一致	保证粉量一致，如没有达到理想的粉量，可按手动键再次接粉
 	7．布粉：将粉平整地布满整个粉碗（如有多余的粉，直接抹掉），确保布粉动作一致，包括但不限于用手指抹平，用手掌根部轻拍粉碗	
	8．填压：将粉锤平整地下压，前后一致	确保填压动作一致，包括但不限于填压的次数和力量、手柄的角度
	9．手柄的两耳、粉碗的边沿、手柄的把柄，分流嘴都要清洁到位	清洁到位

续表

操作要领图	操作步骤	备注
	10．放水3秒以清除水管里的残水及分水网上的残粉	清除残留
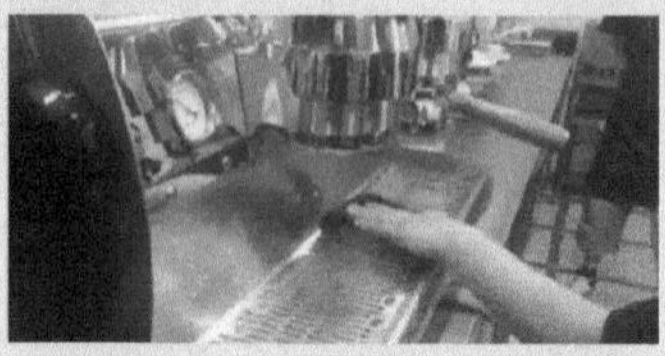	11．用专用抹布清洁落水盘	专用抹布
	12．扣上手柄，立即按键萃取	
	13．从温杯架上取下杯子，放在落水盘上，接住从手柄分流嘴处流下的咖啡	
	14．完成萃取，将推杆拨回。注意观察咖啡的颜色，判断是否停止萃取	
 	15．清洁：用专用抹布擦拭蒸汽头和蒸汽棒，确保无奶垢，确保空喷蒸汽棒内无冷凝水残留	建议：打发牛奶可在第14～17步停止萃取前同时进行，提高效率

续表

操作要领图	操 作 步 骤	备 注
	16．将蒸汽棒插入牛奶液面下1 cm，在3点钟方向（以奶缸嘴为12点钟方向），距离奶缸壁约1 cm	
	17．打开蒸汽开关（开到最大），当牛奶开始旋转时，往下匀速移动奶缸，将蒸汽打进去，这时会有“嗞嗞”声，产生奶泡，牛奶会膨胀。（注意：当牛奶膨胀液面上升到8分满时，停止往下移动奶缸，保持不动）观察牛奶液面，保持牛奶的旋转，将较大的奶泡卷入牛奶中，使其变得细腻绵密。当牛奶的温度达到60 ℃左右时，关掉蒸汽开关，拿下奶缸	建议：打发牛奶可在第14～17步停止萃取前同时进行，提高效率
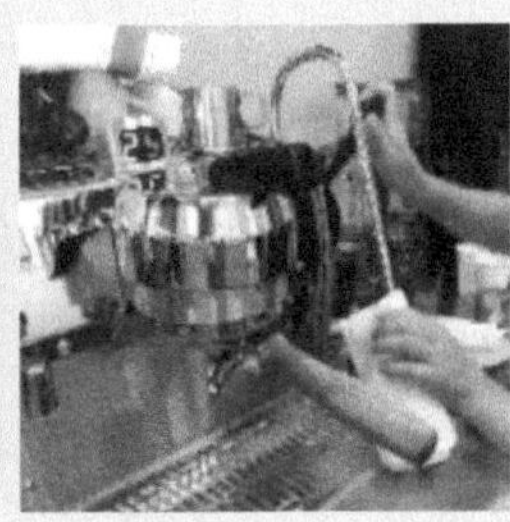	18．清洁：用专用抹布擦拭蒸汽头和蒸汽棒，确保无奶垢，确保空喷蒸汽棒内无残奶残留	

续表

操作要领图	操作步骤	备注
 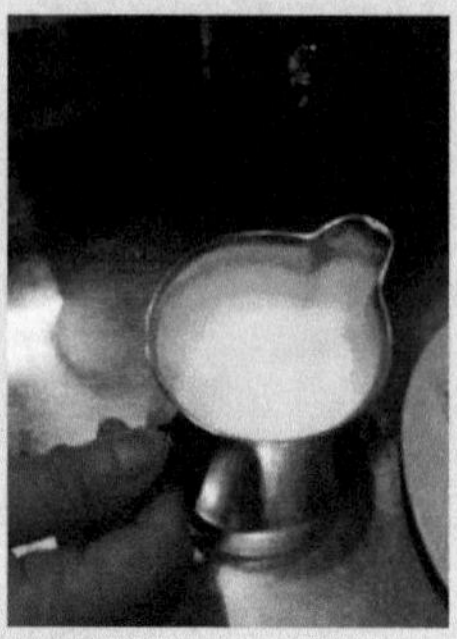	19．顿一顿并摇晃奶缸，使奶泡更细腻、光亮	制作两杯焦糖玛奇朵的步骤
	20．分奶：迅速将奶泡分到另一个奶缸，确保两缸的牛奶量一致	
	21．左手握住杯底或用手指捏住杯柄，将杯子倾斜45°，右手拿起奶缸，找到浓缩液的中心点，注入牛奶	
	22．轻轻晃动杯子或者打圈旋转，让牛奶与咖啡充分融合	
	23．至7分满时，压低奶缸口，在中心点倾倒奶泡，使其浮于咖啡表面，形成白色圆形	

续表

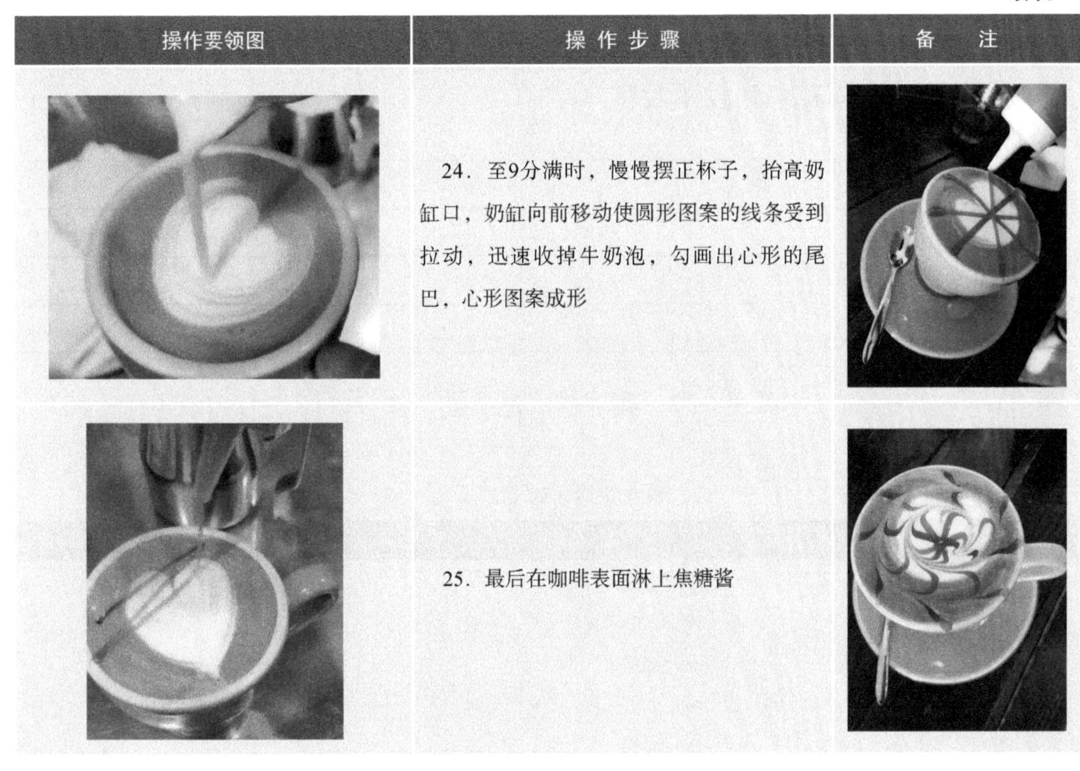

操作要领图	操作步骤	备　注
	24．至9分满时，慢慢摆正杯子，抬高奶缸口，奶缸向前移动使圆形图案的线条受到拉动，迅速收掉牛奶泡，勾画出心形的尾巴，心形图案成形	
	25．最后在咖啡表面淋上焦糖酱	

讨/论/交/流

1．如何品饮卡布奇诺咖啡？讨论并记录。

2．如何向客人介绍卡布奇诺咖啡？讨论并记录，以小组为单位进行介绍。

知/识/链/接

卡布奇诺和拿铁的不同有以下几点。

1．牛奶、咖啡比例不同。

卡布奇诺中牛奶和咖啡的比例为1:1左右，拿铁中牛奶和咖啡的比例为2:1左右。

2．融入方式不同。

卡布奇诺多采用牛奶、奶泡与咖啡融合调制；拿铁多采用牛奶、奶泡与咖啡分层调制。

3．风味不同。

卡布奇诺与拿铁融入牛奶量不同、调配品不同、咖啡与牛奶融入方式不同，两种饮品呈现出不同的风味。比较而言，拿铁偏重奶香，口感富有层次变化；而卡布奇诺的咖啡风味与奶香融合完美。两者都备受人们的追捧。

反/思/评/价

通过本任务的学习，写出你的收获。

我完成了：________________

我学会了：________________

我最大的收获：________________

我遇到的困难：________________

我对老师的建议：________________

实践活动

卡布奇诺咖啡品饮评价

评价项目	评价内容	评价标准	个人评价	小组评价	教师评价
看	咖啡产品	咖啡整体形象 A. 优　B. 良　C. 一般			
		表层图案或造型 A. 优　B. 良　C. 一般			
闻	咖啡	A. 香气浓郁　B. 香气清淡			
品饮	咖啡	顺滑度 A. 强　B. 弱			
		苦：A. 强　B. 中　C. 弱			
		香：A. 强　B. 中　C. 弱			
		酸：A. 强　B. 中　C. 弱			
		甘：A. 强　B. 中　C. 弱			
品饮礼仪		A. 优　B. 良　C. 一般			
咖啡鉴赏汇总			建议		

任务4 制作摩卡咖啡

情境导入

在温馨浪漫的咖啡厅，伴着咖啡的醇香，心情不错的客人对服务员说：“两杯摩卡”。服务员礼貌回应道：“先生，两杯摩卡，请稍等”。片刻，客人就品尝到了芳香甜蜜、散发浓浓黑巧克力风味的咖啡佳品——摩卡咖啡。

学/学/做/做

摩卡咖啡

图2-9 摩卡咖啡

摩卡咖啡（Mocha Cafe）如图2-9所示，是一种古老的咖啡，其历史要追溯到咖啡的起源。摩卡咖啡有三种含义：一是指从也门摩卡港出口的咖啡豆；二是指使用摩卡壶萃取的咖啡；三是指是由意大利浓缩咖啡、巧克力酱、鲜奶油和牛奶混合而成的咖啡。

【材料器具准备】

制作摩卡咖啡的材料器具如图2-10所示。

咖啡杯碟（300 ml）

秤

抹布3块，分别用于擦粉碗、落水台和奶棒

奶缸

意式磨豆机

粉锤

冷藏全脂牛奶

巧克力酱

图2-10 制作摩卡咖啡的材料器具

【操作步骤】

制作摩卡咖啡的操作一览表见表2-4。

表2-4　制作摩卡咖啡的操作一览表

操作要领图	操 作 步 骤
	1. 在杯底挤上巧克力酱，约10 g
	2. 使用意式半自动咖啡机萃取浓缩咖啡
	3. 使用意式咖啡机的蒸汽棒打发牛奶
	4. 轻轻晃动杯子或者打圈旋转，让牛奶与咖啡充分融合
	5. 在咖啡表面挤上巧克力酱，淋成网状或划圈，然后用牙签或勾花针勾出图案

知/识/链/接

17世纪初，第一批销售到欧洲的也门咖啡，经由古老的摩卡小港出口，令欧洲人惊叹，于是由摩卡小港运来的美味咖啡被称为“摩卡咖啡”。如今，摩卡旧港因为泥沙淤积被废弃，然而人们仍然习惯“摩卡咖啡”的叫法。

也门是一个把咖啡作为农作物进行大规模生产的国家，至今仍然沿用与500年前相同的方法生产咖啡。一些咖啡农家依然使用动物（骆驼、驴）推拉石磨，也门摩卡像是咖啡世界的活古迹。埃塞俄比亚虽是世界上最早发现咖啡的国家，但让咖啡发扬光大的却是也门。

摩卡咖啡层次多变、味道独特，芬芳浓郁且酸味适宜，有着与众不同的辛辣味，摩卡咖啡越浓，就越容易被品尝出人们喜欢的巧克力味道。以至于后来有人说，蓝山咖啡可以称王，摩卡咖啡可以称后。

◆ 反/思/评/价 ◆

通过本任务的学习，写出你的收获。

我完成了：______________________________

我学会了：______________________________

我最大的收获：______________________________

我遇到的困难：______________________________

我对老师的建议：______________________________

◆ 实/践/活/动 ◆

要求每位同学制作一杯摩卡咖啡，以小组为单位，组员相互填写摩卡咖啡制作观察表。

任务5 制作风味拿铁咖啡

◆ 情/境/导/入 ◆

拿铁是大家熟悉的意式牛奶咖啡之一。它是在浓郁的Espresso中，加进更多牛奶的花式咖啡，有了牛奶的温润调味，让原本甘苦的咖啡变得柔滑香甜、甘美浓郁，就连不习惯喝咖啡的人，也难敌拿铁芳香的滋味。拿铁因为含有大量的牛奶而适合在早晨饮用。拿铁也有很多种类，接下来就来学一学风味拿铁的制作方法。

◆ 学/学/做/做 ◆

风味拿铁咖啡

拿铁咖啡（见图2-11）是意式浓缩咖啡（Espresso）与牛奶的经典混合，意大利人喜欢把拿铁作为早餐时的饮料。“拿铁”是意大利文“Latte”的音译，是咖啡与牛奶交融的极致之作。意式拿铁咖啡需要一小杯Espresso和一杯牛奶（150～200 ml）合成，拿铁咖啡中牛奶多而咖啡少，这与卡布奇诺有很大不同。拿铁咖啡的做法极其简单，就是在刚刚做好的意式

图2-11 拿铁咖啡

浓缩咖啡中倒入打发正确的牛奶。利用经过训练的技巧，在热咖啡上再制作出牛奶与咖啡对比的各种图案，就成了一杯现在最流行的拉花拿铁咖啡。

【材料器具准备】

制作风味拿铁咖啡的材料器具如图2–12所示。

奶缸

拿铁杯（300 ml）、碟

意式磨豆机

秤

粉锤

意式咖啡机

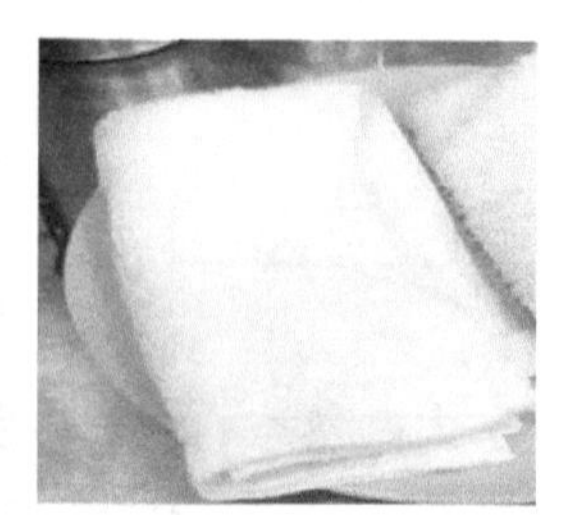
抹布3块（分别用于擦粉碗、落水台和奶棒）

冷藏牛奶

糖浆或榛果糖浆

图2–12　制作风味拿铁咖啡的材料器具

【操作步骤】

制作风味拿铁咖啡的操作一览表详见表2-5。

表2-5　制作风味拿铁咖啡的操作一览表

操作要领图	操 作 步 骤	备　注
	1. 压取1泵风味糖浆（约10 ml）到杯子里。常用的风味糖浆有榛果、香草、焦糖等	
	2. 使用半自动咖啡机萃取浓缩咖啡	建议：用500 ml的奶缸，倒入240 g冷藏牛奶； 建议粉量：17～22 g 粉液重量比：1:1.5～1:2.0 萃取时间：25±5秒
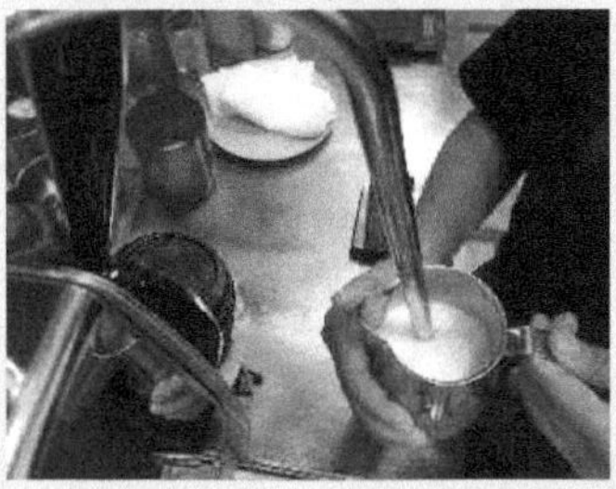	3. 使用意式咖啡机蒸汽棒打发牛奶	
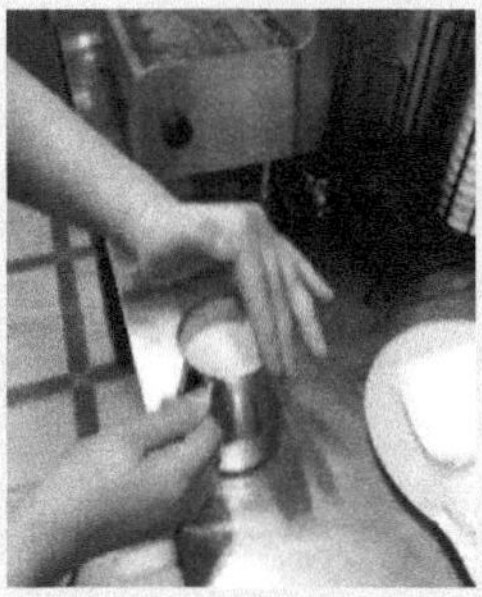 	4. 轻震并摇晃奶缸，使奶泡更细腻光亮	奶泡细腻光亮

续表

操作要领图	操 作 步 骤	备 注
	5．左手握住杯底或用手指捏住杯柄，将杯子倾斜45°，右手拿起奶缸，找到浓缩液的中心点，注入牛奶	咖啡杯倾斜45°
	6．轻轻晃动杯子或者打圈旋转，让牛奶与咖啡充分融合	充分融合
	7．至7分满时，压低奶缸口，在中心点倾倒奶泡，使其浮于咖啡表面，形成白色圆形。（注意：制作心形图案时，奶缸固定在同一点左右晃动；制作树叶图案时，奶缸需一边向后退，一边左右晃动）	说见视频2-3拉花视频和任务6打发奶泡
	8．至9分满时，慢慢摆正杯子，抬高奶缸口，奶缸向前移动，使图案的线条受到拉动，迅速收掉牛奶泡勾画出线条，图案成形	

◆ 讨/论/交/流 ◆

讨论1：如何向客人介绍拿铁咖啡？

讨论2：如何打好奶泡？

讨论3：简述拿铁咖啡调制操作方法。

◆ 知/识/链/接 ◆

“拿铁”在意大利语中的意思是鲜奶。意大利人喜欢拿它来暖胃，搭配早餐饮用。冰拿铁咖啡和热拿铁咖啡一样，都是以Espresso为基底，加入牛奶，让原本醇厚甘苦的浓缩咖啡，产生滑润柔美的风味。给生活这杯“苦咖啡”注入一缕温暖的奶香，让原来不易的、枯燥的生活不经意间焕发出“香甜芬芳”，平添了对生活的热爱，难道这不是一种生活的艺术？做杯“拿铁”吧，陶冶自己，芳香他人。

反/思/评/价

通过本任务的学习，写出你的收获。

我完成了：______________________________

我学会了：______________________________

我最大的收获：______________________________

我遇到的困难：______________________________

我对老师的建议：______________________________

实/践/活/动

课后，在我们的咖啡休息区，以小组为单位，选一位组长带领组员，完成准备工作、奶泡调制、咖啡调制、咖啡出品、咖啡服务和咖啡鉴赏工作吧。

任务6　打发奶泡

情/境/导/入

巴尔扎克每天都饮用大量的咖啡。他认为咖啡有助于灵感的诞生。他说：“一旦咖啡进入肠胃，全身就开始沸腾起来，思维就摆好阵势，仿佛一支伟大军队，在战场上投入了战斗。”同学们，你喝过的咖啡中，有哪几款是加了奶泡的呢？奶泡又是如何打发的呢？

学/学/做/做

打发奶泡

牛奶发泡的原理

利用蒸汽去打牛奶，在液态的牛奶中打入空气，利用乳蛋白的表面张力作用，形成许多细小的泡沫，从而使液态的牛奶体积膨胀，成为泡沫状的奶泡。在发泡的过程中，因为温度升高，乳糖溶解于牛奶，并且利用发泡作用使乳糖封在奶泡之中。而乳脂肪的作用就是让这些细小泡沫形成安定的状态，在饮用时，细小的泡沫在口中破裂，芳香物质散发，使得牛奶产生香甜浓稠的味道与口感。而且在与咖啡的融合过程中，分子之间的黏结力会增强，咖啡与牛奶充分融合，让咖啡和牛奶的特性能各自凸显出来，相辅相成，从而获得一杯口感细腻甜润、视觉饱满、咖香馥郁的牛奶咖啡饮品。

我们在制作奶泡的时候，有各式各样的方式，但总体来说有以下两个阶段。

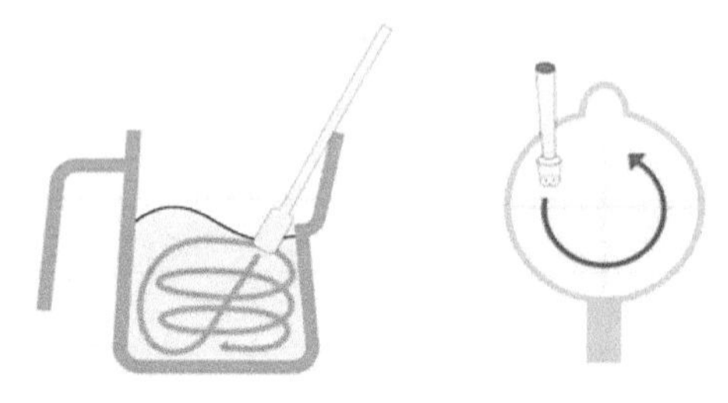
图2-13　奶泡打发原理

第一个阶段是打发：所谓的打发就是打入蒸汽，使牛奶发泡。

第二个阶段是打绵：打绵是将发泡后的牛奶，利用漩涡的方式卷入空气，并将较大的奶泡分解成细小的泡沫，让牛奶分子之间产生黏结的作用，使奶泡组织变得更加绵密。奶泡打发原理如图2-13所示。

牛奶知识延伸

按照脂肪含量的不同，牛奶可以分为全脂牛奶、低脂牛奶和脱脂牛奶。全脂牛奶的脂肪含量为3%左右；低脂牛奶（部分脱脂奶）的脂肪含量为1%～1.5%；脱脂牛奶的脂肪含量在0.5%以下。

按照加工方式的不同，牛奶可以分为巴氏杀菌奶、超高温消毒奶。

（1）巴氏杀菌奶，也称为巴氏奶、巴氏消毒奶和低温鲜牛奶，以新鲜牛奶为原料，售卖时存放在冰箱、冷柜内。巴氏杀菌奶采用巴氏杀菌法，利用病原体不耐热的特点，用适当的温度和一定时间进行保温处理，将大部分细菌杀灭，经过巴氏杀菌法杀菌后，仍能保留小部分无害或有益、较耐热的细菌或细菌芽孢。巴氏杀菌奶要在4 ℃左右的温度下保存，且只能保存3～10天。该方法既能够达到安全饮用标准，又能最大限度地保留鲜牛奶的营养和风味，是当今世界上最先进的牛奶消毒方法之一。巴氏杀菌主要有两种方式：一种是将牛奶加热到62～65 ℃，保持该温度30分钟；一种是将牛奶加热到75～85 ℃，保持该温度15～16秒。这种类型的牛奶一般用塑料袋、玻璃瓶、新鲜屋等包装。

（2）超高温消毒奶，也称为灭菌奶和常温奶，是对牛奶进行超高温瞬时灭菌（135～150 ℃，4～15秒）处理，将细菌全部杀灭的方式，一般的细菌都承受不住这样的高温，所以这种处理方式能将牛奶中所有的细菌芽孢和微生物斩草除根，同时不可避免地会将有益细菌全部杀死，而且高温会使牛奶中一些不耐热的糖分焦化，维生素也遭到部分破坏，营养物质会有一定的损失，牛奶的风味会略微改变。这种方法在杀死牛奶中有害病菌的同时，也破坏了牛奶中的营养成分，因此营养成分和新鲜程度都不及巴氏杀菌奶。超高温消毒奶将细菌彻底消除，保质期较长，一般可达6～12个月。

国家标准规定还原奶、奶粉不得作为巴氏消毒奶的生产原料，常温奶、酸奶及其他乳制品生产时可用，但必须标明原料为“复原乳”或“水和奶粉”。

【材料器具准备】

打发奶泡的材料器具如图2-14所示。

意式咖啡机

奶缸

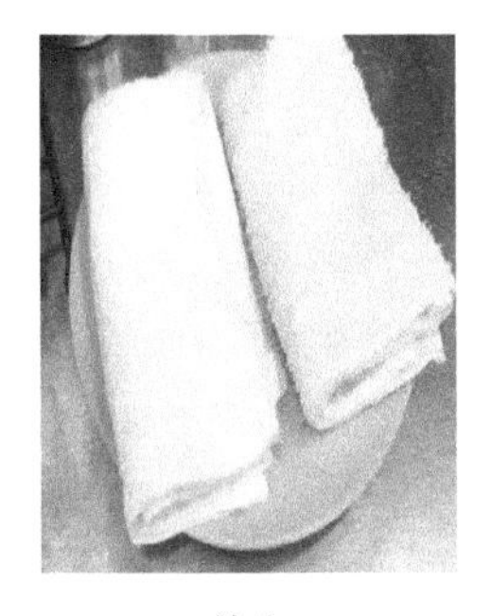

抹布

冷藏全脂牛奶

秤

图2-14 打发奶泡的材料器具

【操作步骤】

打发奶泡的操作一览表详见表2-6。

表2-6 打发奶泡的操作一览表

操作要领图	操 作 步 骤
	1. 取一个500 ml的奶缸，倒入250 g的冷藏全脂牛奶
	2. 清洁：用专用抹布擦拭蒸汽头和蒸汽棒，确保无奶垢，确保空喷蒸汽棒内无冷凝水残留

续表

操作要领图	操作步骤
	3．将蒸汽棒插入牛奶液面下1 cm，在3点钟方向（以奶缸嘴为12点钟方向），距离奶缸壁约1 cm
  	4．打开蒸汽开关（开到最大），当牛奶开始旋转时，往下匀速移动奶缸，将蒸汽打进去，这时会有“嗞嗞”声，产生奶泡，牛奶会膨胀（注意：当牛奶膨胀液面上升到8分满时，停止往下移动奶缸，保持不动）。观察牛奶液面，保持牛奶的旋转，将较粗的奶泡卷入牛奶中，使其变得细腻绵密。当牛奶的温度达到60 ℃左右时，关掉蒸汽开关，拿下奶缸
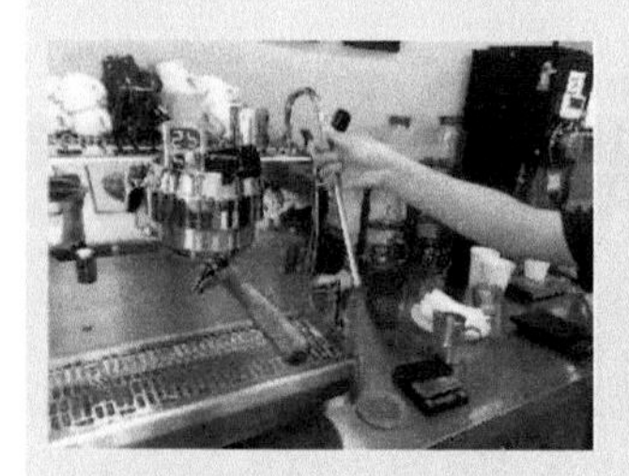 	5．清洁：用专用抹布擦拭蒸汽头和蒸汽棒，确保无奶垢，确保空喷蒸汽棒内无残奶残留
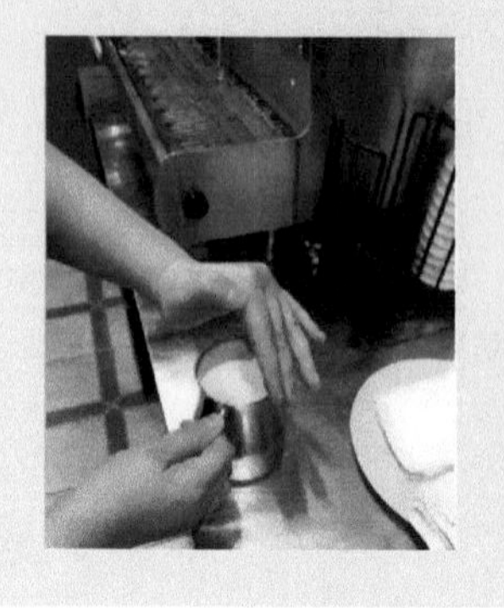 	6．顿一顿并摇晃奶缸，使奶泡更细腻光亮

【注意事项】

（1）牛奶的温度。最佳的保存温度是4 ℃左右，因为在打发牛奶的时候，温度越高，乳脂肪分解越多，发泡程度越低：当在相同的保存温度下，储存的时间越久，乳脂肪分解越多，发泡程度越低；当牛奶再发泡时，起始温度越低，蛋白质变性就越完整均匀，发泡程度越高。

（2）牛奶的脂肪含量。低脂牛奶比较容易打奶泡，但是比较粗大，而且容易消散。全脂牛奶发泡比例低，但是质感黏稠，口感绵密，持久度好。

（3）打奶泡的角度。一般是30°～45°，还要看蒸汽管的角度和蒸汽管的出气方式。

一种是外扩张式，外扩张式的蒸汽管在打发牛奶时，不可太靠近钢杯边缘，否则容易产生乱流的现象。一般的外扩张式，都设计了一定的角度，所以一般不用倾斜钢杯。另一种是集中式，使用集中式的蒸汽管时，要注意控制角度，否则不易打出良好的奶泡。

不同形式的蒸汽管，出气强度和出气量也有所不同，再加上出气孔的位置和出气孔数量的变化，就会造成打发牛奶时角度与方式的差异。

（4）注意蒸汽量的大小。蒸汽量越大，打发牛奶的速度越快，但相对比较容易有较粗的奶泡产生，大量的蒸汽适合较大的钢杯，太小的钢杯容易产生乱流；蒸汽量较小，牛奶发泡的效果就差，但是不容易产生粗大的气泡，打发打绵的时间比较长，整体的掌控比较容易。

（5）打奶泡之前，要先放蒸汽。这是为了使蒸汽的干燥程度高一点，含水量越少，打出的奶泡就越绵密。

反/思/评/价

根据所学知识，自行打发奶泡，并进行自我评价。

序　号	项　目	完成情况	
		是	否
1	奶泡细腻能反光		
2	表面没有粗泡沫		
3	奶泡温度一致		

实/践/活/动

活动主题：打发奶泡。

请同学们按照打发奶泡的步骤及注意要点完成拿铁和卡布奇诺所需要的奶泡，并说明有什么区别。

任务7 拉花艺术

情/境/导/入

通过前面课程的学习，我们已经认识了意式咖啡，学习了意式浓缩咖啡的萃取。今天我们的任务就是用打发好的奶泡，通过反复练习，拉出自己心中理想的图案。这是一个创造美的过程，在咖啡业界，掌握这个技术的咖啡师，被誉为“拿铁艺术家”。让我们行动起来，一起练习拉花技术吧。

学/学/做/做

融合拉花

【制作原理】

1. 倒入成形：经过反复训练，利用熟练的技巧控制奶缸的高低、晃动奶缸的幅度，以控制注入咖啡杯的奶泡的流速、粗细及摆动幅度，使奶泡在咖啡上形成各种不同的图案。

2. 雕花：先将打发的奶泡融入萃取好的浓缩咖啡，最后在咖啡表面加上奶泡、酱料等与咖啡液体有鲜明颜色对比的材料，利用专用挑花针、牙签或不锈钢温度计等尖物勾画出各种图案。这种方式不需要多大的技巧，只要有创意，就能制作出漂亮的咖啡图案。

【材料器具准备】

意式咖啡机、磨豆机、不锈钢奶缸、秤、抹布3块；咖啡豆、全脂牛奶、拿铁杯、碟、勺。

【操作步骤】

意式浓缩萃取步骤同上，将咖啡杯换成拿铁杯。

打发奶泡步骤同上。

1. 心形拉花

心形拉花的操作一览表见表2-7。

表2-7　心形拉花的操作一览表

操作要领图	操 作 步 骤
	1. 左手握住杯底或用手指捏住杯柄，将杯子倾斜45°。右手拿起奶缸，找到浓缩液的中心点，注入牛奶
	2. 轻轻晃动杯子或者打圈旋转，让牛奶与咖啡充分融合
	3. 至7分满时，压低奶缸口，在中心点倾倒奶泡，使其浮于咖啡表面，形成白色圆形图案
	4. 摆正杯子，抬高奶缸口，奶缸向前移动，使圆形图案的线条受到拉动，迅速收掉牛奶泡，勾画出心形的尾巴，心形图案成形

具体制作过程见视频2-3：拉花视频。

视频2-3
拉花视频

2. 树叶拉花

树叶拉花的操作一览表见表2-8。

表2-8 树叶拉花的操作一览表

操作要领图	操 作 步 骤
	步骤1．和2．同上
	3．至7分满时，在中心点往后移至距离杯壁1 cm处，压低奶缸口，加大倒入牛奶的量至出现白色浮于咖啡表面，同时轻柔地左右摆动奶缸，出现纹理，保持摆动并慢慢向后退
	4．摆正杯子，抬高奶缸口，收细牛奶的流量，奶缸向前移动，拉出一条直线，形成树叶的图案

要求：咖啡表面颜色对比明显，图形居中对称，比例恰当，黄金圈颜色一致，表面有亮度。

【注意事项】

融合注意事项

奶泡的流量要稳定、持续，不能断断续续；融合完成后，咖啡液面要干净，颜色一致，不能出现白色的奶沫，不然会对后续的拉花图案有影响；融合时要让咖啡液面在杯中旋转，使其更具流动性，切记尽量不要冲到杯子的边缘；如果有白色奶沫，就往那个地方继续注入奶沫融合，可以使白色奶沫被冲至咖啡液面下。

拉花注意事项

（1）融合完成后，开始做花型时一定要压低奶缸嘴，近距离接触液面，距离越近越容易出图，如果距离过高，会有较大的冲击力，不会出图。

（2）收尾：收尾要“稳”和“准”。图案制作完成99%以后，剩下最后1%的收尾以结束图案制作。收尾的时候一定要“稳”和“准”，“稳”代表把奶缸拉高的同时手要稳，不要让奶流抖动和移动；“准”代表找准正中间的分界线，提高奶缸，保持以较细的奶流直直地拉过去收尾。

【技术指点】

1. 高身杯

高身的杯子与厚厚的奶泡是完美的配合。使用高身杯，可使你有足够的时间进行融合。充分的融合能使咖啡更好喝，亦能使拉花时成形度加强，构建清晰的拉花图案，但先决条件是奶泡量要足够多。有些人会在成形前只往杯中倒入热奶，而将奶泡保留到最后作拉花用，这是不正确的，这样Crema会被冲散，而且奶泡与咖啡不能很好地融合。

2. 方底杯

这种杯子底部面积比较大，会形成两种现象：一是Crema比较薄；二是倒入奶泡时容易造成乱流。所以一般都会将杯子倾斜，打好奶泡后再逐渐将杯子放平进行拉花。

3. 矮身圆底杯

这是比较容易掌握的一种拉花杯形，图案比较容易出现，但由于杯身较矮，拉花时间相对于高身杯而言较短。

◆ 讨/论/交/流 ◆

讨论1：奶泡的厚薄会不会影响咖啡的口感？不同的咖啡奶泡有什么不同？

讨论2：能不能不融合直接拉花？

讨论3：融合与拉花的比例应该如何分配？

◆ 知/识/链/接 ◆

融合手法

融合手法大致分为三种：一字融合法、画圈融合法、定点融合法。手法对拉花流动性的影响不是非常大。

先来说三种方法的区别：一字融合法即在一条线上左右摆动来进行融合，这种方法在较大程度上能够减少破坏油脂的面积。画圈融合法即转着圈来进行融合，这种融合方法在油脂表面移动。定点融合法则是在一个点进行融合。这种方法几乎不破坏油脂表面。三种融合方法各有优缺点，就融合状态和均匀程度来说，效果最好的是画圈融合法。道理很简单，融合的面积越大越容易使奶泡和咖啡充分融合。定点融合法和一字融合法需要有超级棒的油脂和非常好的奶泡。所以建议刚开始训练的同学选择画圈融合法。

◆ 实/践/活/动 ◆

活动主题：融合拉花。

请同学们按照奶泡融合及拉花的要点，利用三种不同类型的杯子（高身杯、方底杯、矮身圆底杯）进行奶泡的融合与拉花，形成相应图案，并说说每种杯子在操作过程中的区别。

任务8 机器设备的操作和保养

◆ 情/境/导/入 ◆

1800年，巴黎大主教达贝洛发明了水滴式咖啡壶。

1818年，Romershausen博士在普鲁士取得一项“萃取器”的专利；20世纪80年代，Lapavoni公司创造了热塑性塑料侧板，缩短了制造时间。

如今，各大咖啡公司的咖啡机设计越来越智能化，外观也更时尚化。

请同学们以小组为单位，通过小组讨论、查找资料、网上搜索等方式，了解意式咖啡机的演变历史、意式咖啡机经历了哪几个阶段，以及应如何操作和保养咖啡机器设备。

◆ 学/学/做/做 ◆

机器设备的操作和保养

意式咖啡机

意式咖啡机外部结构图如前面图2-2所示，内部结构图如图2-15所示。

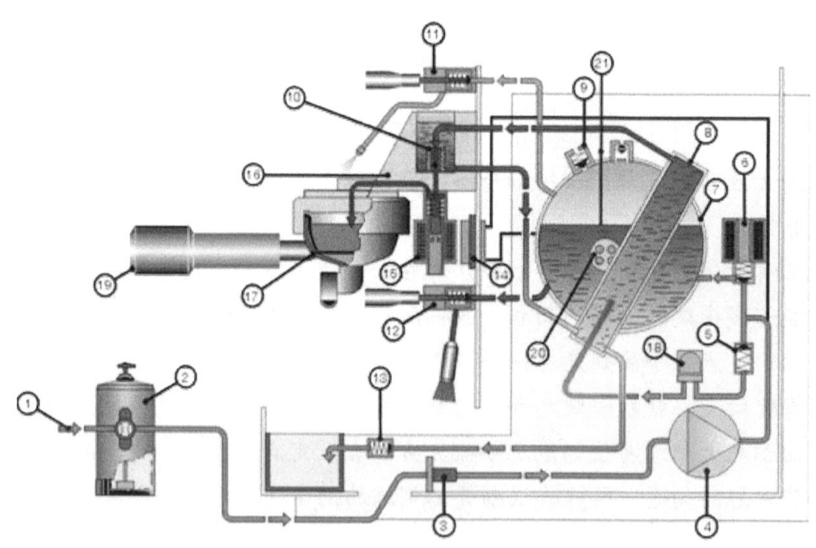

①—进水口 ②—滤水器 ③—进水接口 ④—泵 ⑤—单向阀 ⑥—进水电磁阀 ⑦—锅炉 ⑧—热交换器 ⑨—安全气阀 ⑩—过滤器 ⑪—蒸汽阀 ⑫—热水阀 ⑬—废水阀 ⑭—压力表 ⑮—冲煮电磁阀 ⑯—冲煮头 ⑰—冲煮手柄过滤器 ⑱—流量计 ⑲—冲煮手柄 ⑳—加热元件 ㉑—感应器

图2-15 意式咖啡机内部结构图

磨豆机

磨豆机（见图2-16）是将咖啡豆在马达带动机械刀具飞速转动时切削研磨成咖啡粉的一种磨粉工具。简言之，磨豆机的作用是把咖啡豆研磨成咖啡粉。磨豆机中决定咖啡风味的主要部件是刀盘（Burr）。

图2-16 磨豆机

刀盘一般分为两种：平刀刀盘（Flat Burr，见图2-17）和锥形刀盘（Conical Burr，见图2-18）。平刀刀盘由两个规格一致的平面刀盘构成。平刀刀盘通过离心力，把研磨好的咖啡粉带离刀盘。通常为了加大离心力，平刀的转速会比锥刀快。平刀的优势是研磨均匀，切面统一，咖啡豆在风味上会表现得干净一些。但同时因为转速高，刀盘容易发热，影响咖啡豆的风味和萃取效果。

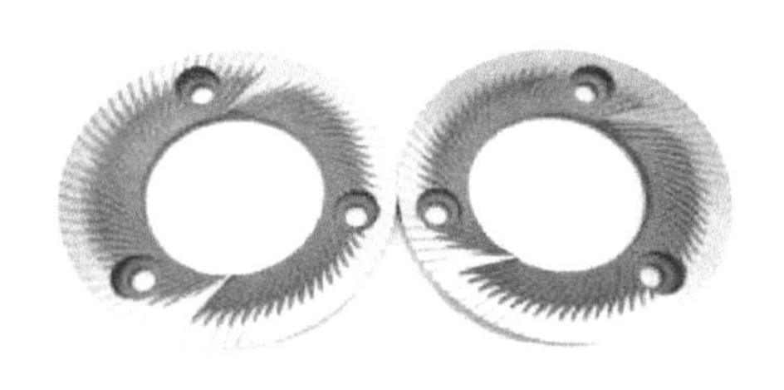

图2-17 平刀刀盘（Flat Burr）

图2-18 锥形刀盘（Conical Burr）

锥形刀盘是由两个不同形状和大小的刀盘构成，一个火山状的刀盘和一个圆环状的刀盘。火山状刀盘固定，圆环状刀盘旋转，豆子通过其中就能被粉碎。其优势是转速低不容易生热，咖啡豆的风味会被更多地保留。从实际的萃取效果来看，咖啡豆在风味的表现上更多地展现出甜感。

咖啡机日常清洁保养

1. 冲煮头清洗

冲煮头清洗操作一览表见表2-7。

表2-7　冲煮头清洗操作一览表

操作要领图	操 作 步 骤
	1. 在冲煮手柄中加一平勺冲煮头清洁粉
	2. 扣上冲煮头，按萃取键，10秒后停止，如此反复10次
	3. 清洗冲煮手柄，把残留的咖啡粉及泡沫清洗干净
	4. 扣上冲煮手柄，按萃取键，反冲洗机20秒

续表

操作要领图	操 作 步 骤
	5. 再次扣上冲煮手柄，按萃取键，反冲洗机20秒

2. 奶棒清洗

奶棒清洗操作一览表见表2-8。

表2-8　奶棒清洗操作一览表

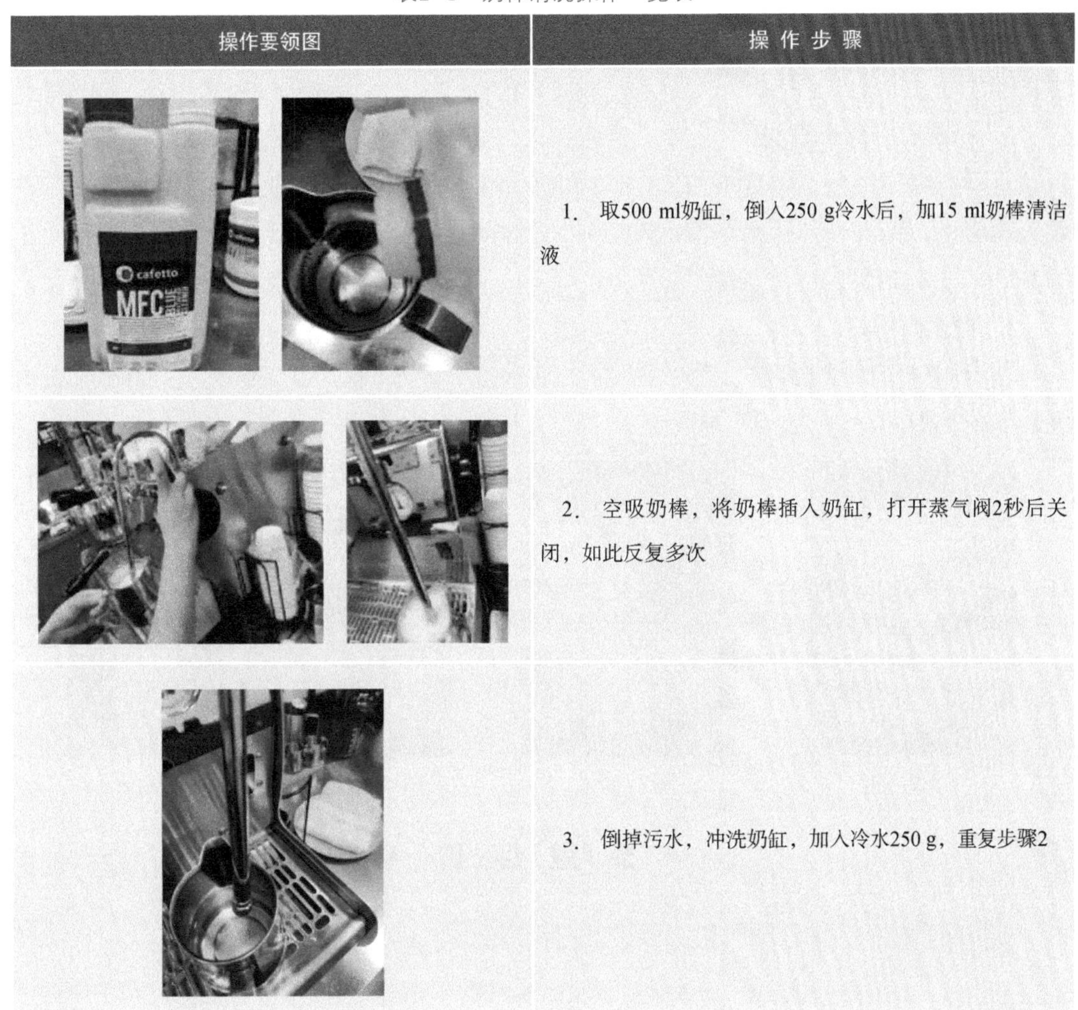

操作要领图	操 作 步 骤
	1. 取500 ml奶缸，倒入250 g冷水后，加15 ml奶棒清洁液
	2. 空吸奶棒，将奶棒插入奶缸，打开蒸气阀2秒后关闭，如此反复多次
	3. 倒掉污水，冲洗奶缸，加入冷水250 g，重复步骤2

续表

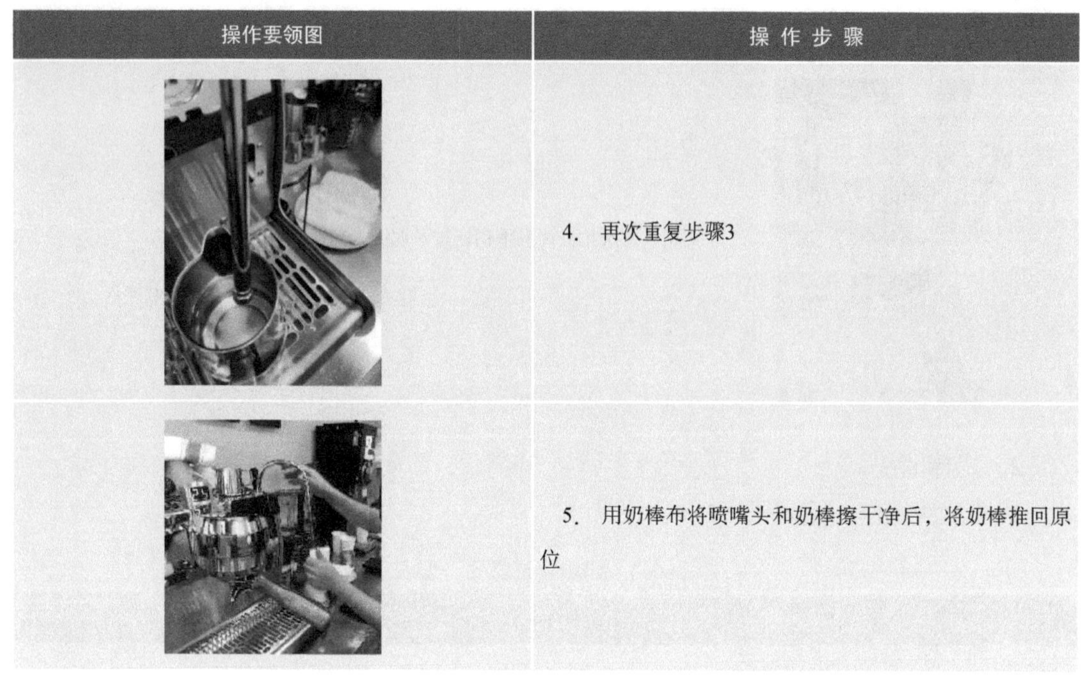

操作要领图	操作步骤
	4. 再次重复步骤3
	5. 用奶棒布将喷嘴头和奶棒擦干净后，将奶棒推回原位

3. 粉碗和奶棒布清洗

将萃取咖啡的粉碗从手柄中抠出，和奶棒布一起放入专用的盆里，倒入一平勺冲煮头清洁粉，加入一升开水，浸泡20分钟后倒掉污水，重新再用一升开水浸泡过夜（见图2-19和图2-20）。

4. 擦拭咖啡机

用专用抹布擦拭咖啡机，确保机身、落水盘等无水渍、无咖啡液，关闭咖啡机电源，如图2-21所示。

图2-19

图2-20

图2-21　擦拭咖啡机

反/思/评/价

根据所学知识，清洁咖啡机，并进行自我评价。

序　号	项　目	完成情况	
		是	否
1	冲煮头清洗		
2	奶棒清洗		
3	冲泡手柄清理		
4	擦拭咖啡机		

实/践/活/动

活动主题：咖啡机的日常清洁与保养

半自动咖啡机的清洁与保养大致分为三类。第一类是“用后即洗”：每次使用完毕都立即洗净；第二类是“日行一洁”：每天都要进行清洁工作；第三类是“隔时一清换”：隔一段时间进行清洗、更换的保养工作。请同学们按要求做好咖啡机的清洁与保养工作。

项目3 单品咖啡制作

任务1　咖啡豆选择

任务2　爱乐压萃取

任务3　法压壶萃取

任务4　虹吸壶萃取

任务5　皇家比利时壶萃取

任务6　手冲咖啡

任务7　滴滤式咖啡萃取
——美式咖啡机萃取

任务8　冷萃咖啡

任务9　其他萃取方法

任务1 咖啡豆选择

情/境/导/入

选择正确的咖啡豆是萃取一杯风味良好的咖啡的基础。

单品咖啡是指使用单一品种、单一产地、单一处理法、单一烘焙度、单一研磨度的咖啡豆萃取而得的咖啡。在逐渐发展的咖啡商业中，也有将单一品种的咖啡进行不同烘焙度拼配，或者按照烘焙师的经验，将不同风味的咖啡豆进行拼配产生新风味的咖啡，但依然用单品咖啡的方式进行萃取。

今天我们就来学习使用单品咖啡豆制作咖啡的几种常见方法吧！

学/学/做/做

单品咖啡豆的选择

【材料准备】

（1）阿拉比卡、罗布斯塔两种单一品种的咖啡熟豆各一种；同时阿拉比卡平豆、圆豆同一品种各备一种。

（2）咖啡样品盘或者普通木盘若干。

【操作步骤】

（1）选择熟豆。选取阿拉比卡咖啡豆，最好是高海拔的。同时，看清熟豆包装上的标识，是什么品种的豆子，是单一品种的，还是拼配起来的。

（2）选择烘焙度。同一种咖啡豆，烘焙度不同，咖啡的口感会有很大区别。烘焙浅的豆子，偏酸，味道比较寡淡，不容易萃取；烘焙深的豆子，偏苦，味道浓郁醇厚，但容易萃取过度。因此，大多数咖啡师选择中度到深度烘焙的熟豆做单品咖啡。当然，也有例外。例如，在日本，流行使用深烘焙的咖啡豆制作单品咖啡，也别有一番滋味。

具体请参阅咖啡烘焙的8个度的知识点。

（3）风味描述。目前市场上的咖啡熟豆大多都有风味描述，制作者可以按照自己的喜好，选择相应的风味。

（4）规格选择。无论是自用还是店用，为保证撕开包装后咖啡豆能及时用完，保证咖啡豆的新鲜度和风味，建议购买小包装的单品咖啡豆。

在精品咖啡零售店，你所关心的以上四方面信息在产品标签上一般均有说明，请仔细阅读产品标签。

【技术指点】

1. 了解感官差异

阿拉比卡咖啡豆和罗布斯塔咖啡豆的感官差异见表3-1。

表3-1 阿拉比卡咖啡豆和罗布斯塔咖啡豆的感官差异

鉴 别 点	阿拉比卡咖啡豆	罗布斯塔咖啡豆
视觉/外观	长椭圆，豆身扁，中线深而弯，两侧对称	短椭圆，豆身厚，中线短浅而直，两侧对称
味觉/风味	酸味明显、苦浅、细腻	低酸质，苦明显，轻微收缩感
嗅觉/气味	轻微花果香、奶油巧克力、坚果	炒米、木质香、奶油
用途	单品咖啡、拼配咖啡	拼配咖啡、少量单品咖啡、速溶咖啡原料

2. 学习风味区别

咖啡风味图如图3-1所示。

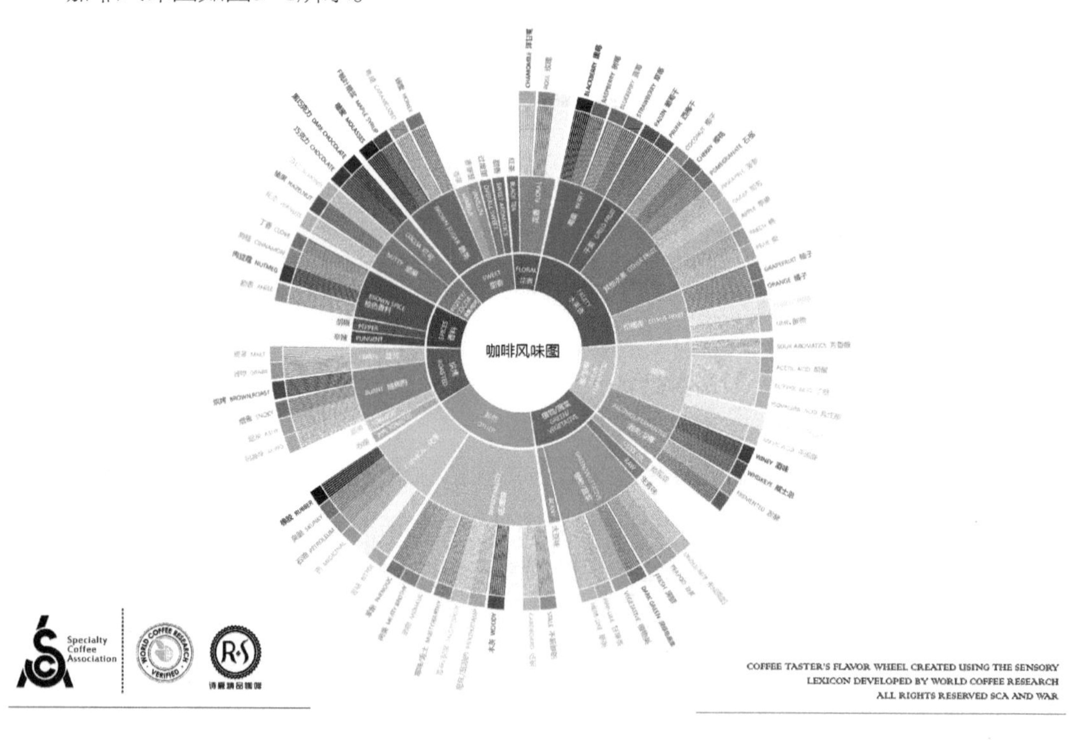

图3-1 咖啡风味图

◆ 讨/论/交/流 ◆

讨论1：比较冲泡后的阿拉比卡、罗布斯塔两种咖啡豆的风味，进行小组讨论。

讨论2：比较平豆和圆豆的风味，进行小组讨论。

知/识/链/接

咖啡豆的储存方法

（1）当袋装咖啡豆打开包装后，一定要把开口折好，并用夹子夹紧，避免咖啡豆与空气接触。

（2）封好袋口后，把袋子放入密封罐中储存。

（3）切勿将咖啡豆放入冰箱；应将咖啡豆放在阴凉干燥的地方储存。

反/思/评/价

通过本任务的学习，写出你的收获。

我完成了：________________

我学会了：________________

我最大的收获：________________

我遇到的困难：________________

我对老师的建议：________________

实/践/活/动

品一品，说一说，阿拉比卡和罗布斯塔两种咖啡豆的风味特点。

任务2　爱乐压萃取

情/境/导/入

今天的工作任务是用爱乐压（AeroPress）制作一款单品咖啡。

使用爱乐压快速萃取一杯优质的咖啡。在家里或办公室里都可以方便地使用这种方法。为了获得美味咖啡，关键是用新鲜、高品质的咖啡豆，正确使用设备，正确利用水的温度、水粉比等。

【材料器具准备】

爱乐压萃取需要的材料器具如图3-2所示。

磨豆机

滤纸

爱乐压

咖啡杯、匙

图3-2　爱乐压萃取的材料器具

学/学/做/做

【操作步骤】

爱乐压萃取操作一览表见表3-2。

表3-2　爱乐压萃取操作一览表

操作要领图	操 作 步 骤	备　注
	1. 将滤纸放在滤盖上，如果想要风味更佳，可以放2张滤纸，同时用热水淋湿滤纸，然后扣上滤盖，将爱乐压放在杯子上	注意，咖啡研磨度、咖啡粉的颗粒大小及均匀度会影响咖啡的萃取质量及风味。要冲洗并预热滤器，爱乐压过滤器滤帽内需用热水通过滤器，冲洗掉残留的纸的味道。另外，要放入新鲜研磨的咖啡粉
	2. 加入咖啡粉，再加入大约两倍咖啡粉分量的热水后，闷蒸20～40秒。建议用80 ℃左右的热水，浅焙咖啡则用85 ℃左右的热水	
	3. 闷蒸结束后再加入热水至希望的水位，稍微搅拌后盖上压筒静置30秒～1分钟。 建议咖啡粉与水的比例（简称“粉水比”）为1:16，即1 g咖啡粉兑16 g水。在此基础上进行风味的调整，喜欢浓咖啡的朋友可以将水的比例减小	
	4. 开始下压。如果下压阻力太大，有可能是因为咖啡粉磨得太细；而咖啡粉太粗有可能使下压时间过短，导致萃取不足。下压时间10～30秒不等，根据想要的风味确定	

【技术指点】

磨豆。全自动咖啡机融研磨和冲煮于一体，可直接使用咖啡豆。除此之外，大多数的咖啡冲煮机器使用咖啡粉。用来制作单品咖啡的常用磨豆机有意式单品通用磨豆机（如MAHLKONIG EK43）、单品专用磨豆机（如Fuji R220，俗称富士小鬼齿）、手摇磨豆器（如正晃行复古式手摇磨豆机），如图3-3~图3-5所示。手动磨豆机通过扣片调节两个圆锥铁皮的间隙以控制咖啡粉的粗细，间隙越小咖啡粉越细，其操作方法类似于西餐厅的胡椒研磨器，是一个微小的锥形磨。

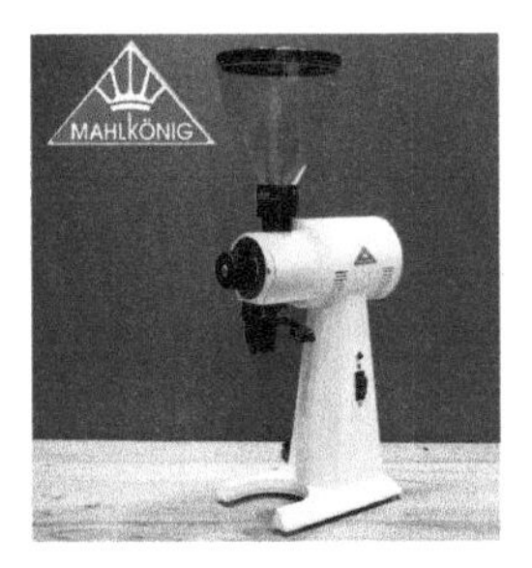

图3-3　MAHLKONIG EK43

图3-4　Fuji R220

图3-5　正晃行复古式手摇磨豆机

讨/论/交/流

讨论1：咖啡粉的粗细会不会影响咖啡的口感？咖啡怎么储藏？

讨论2：比较速溶咖啡与现磨现煮咖啡的风味区别，做好记录并讨论。

讨论3：使用不同比例的咖啡豆与水，在口感上有什么不同？

讨论4：利用课余时间翻阅相关书籍，了解爱乐压咖啡萃取文化。

知/识/链/接

爱乐压使用方便、便于携带，备受咖啡爱好者的喜爱。从2005年发明至今，已有超过10年的历史，现在甚至有世界爱乐压冲煮大赛。爱乐压的发明人是Aerobie公司总裁Alan Adler，在设计爱乐压时其就希望通过简便的方式冲煮出一杯好喝的咖啡。

爱乐压的冲煮方式结合了法式压滤壶的滤泡、手冲的过滤方式和意式咖啡的加压萃取，在咖啡的萃取过程中有许多有趣的组合变化，也让咖啡的风味更加多元化。

爱乐压的构造：

或许大家一开始对爱乐压的材质有很大的疑虑，怀疑热水的高温会不会使塑料释放有害物质，但爱乐压通过了美国卫生福利部食品药物管理署的认可，采用的是最新一代材质PP，其熔点高达167 ℃，非常耐热，且不含BPA和塑化剂（plasticizer）等有害物质。

实/践/活/动

为了营造一个温馨的氛围，布置一个小咖啡吧，听听音乐，交流咖啡技艺的学习体会，并按表格中的内容讲讲咖啡吧聚会的感受。

背景音乐的名称	环境布置物件	鲜奶（匙）	方糖（块）	风味	品饮姿态
单品咖啡冲泡者	萃取方法	咖啡量与研磨度	粉水比	萃取时的水温	咖啡豆介绍

任务3 法压壶萃取

情/境/导/入

今天的任务是用法压壶萃取一款咖啡。

爱喝咖啡的人都会对咖啡有一定的要求。自己冲泡咖啡是个不错的选择，可以自主选择咖啡的风味。但现代生活节奏快，太麻烦了也不行。下面介绍一款简单易用且效果好的萃取装备——法压壶，用它来为自己准备一杯香浓健康的咖啡吧。

【材料器具准备】

法压壶萃取的材料器具有现磨咖啡粉、咖啡杯碟、蜂蜜、牛奶、磨豆机、法压壶等，如图3-6所示。

磨豆机

法压壶

咖啡杯碟

图3-6　法压壶萃取的材料器具

法压壶分解图如图3-7所示。

图3-7　法压壶分解图

【操作步骤】

法压壶萃取操作一览表见表3-3。

表3-3　法压壶萃取操作一览表

操作要领图	操作步骤	备　注
 	1. 准备一个适当容量的法压壶，一个磨豆机，一份自己喜欢的风味咖啡豆，准备好热水水源（如开水器、开水壶），建议最好有一把可以定温的温控壶	
	2. 用热水冲洗壶和压杆将壶烫热待用	冲泡器具需温热后方能使用
	3. 将适量的现磨咖啡粉倒入壶中，可以闻到扑鼻的咖啡香气	研磨度。将咖啡豆研磨成砂糖粗细的颗粒。法压壶使用浸泡式萃取，全程时间较长，如果研磨过细，会导致咖啡粉中的可溶解物质被过多溶出，造成过度萃取

续表

操作要领图	操作步骤	备注
	4. 以1:15左右的粉水比，倒入约88～92 ℃的开水，轻轻将过滤网压到液面以下，使咖啡粉全部浸泡在热水里	粉水比：选用的粉水比为1:15（如果向法压壶中注入300 ml的水，那么咖啡豆的使用量为20 g），如果喜欢SCAA标准，可以改为1:18，这样的改动会使咖啡的浓度有所下降。通常法压壶萃取的水温与手冲咖啡一致，为88～92 ℃
	5. 盖上盖子，将压杆定在液面上方，等待咖啡慢慢萃取。大约3分钟后，就可以开始下压滤网了，一直压到底部	萃取时间：一般在3分钟左右，最长不超过4分钟
	6. 将咖啡倒入杯中，再依据个人口味加入适量的蜂蜜和牛奶，一杯完美、健康、香浓的咖啡制作完成	

法压壶萃取的具体操作见视频3-1。

视频3-1
法压壶萃取

讨/论/交/流

讨论1：法压壶萃取时，咖啡粉的粗细会不会影响咖啡的口感？咖啡怎么储藏？

讨论2：比较爱乐压萃取与法压壶萃取的区别，做好记录并讨论。

讨论3：利用课余时间翻阅相关书籍或到咖啡吧，了解法压壶萃取文化。

知/识/链/接

许多人会质疑法压壶制作的咖啡是否符合精品咖啡的出品标准，我们就以“金杯”（Gold Cup）制作原则来说明一下吧。因为“金杯”制作咖啡的原理是SCAE（Specialty Coffee Association of Europe，欧洲精品咖啡协会）的官方培训课程，应当算是精品咖啡界都公认的一个出品原则。实际上，该原则指咖啡浓度达到1.15%～1.4%，萃取率在18%～21%。只要制作出的咖啡能够在这个范围内（在曲线图上表现为一个很扁的长方形）较为居中的位置，那么这种咖啡就符合“金杯”出品原则。浓度和萃取率可通过以下几个参数进行调节：粉水比例、研磨度、水温、萃取时间。

实/践/活/动

为了营造一个温馨的氛围，布置一个小咖啡吧，听听音乐，交流咖啡技艺的学习体会，并按表格中的内容讲讲咖啡吧聚会的感受。

背景音乐的名称	环境布置物件	鲜奶（匙）	方糖（块）	风味	品饮姿态
单品咖啡冲泡者	**萃取方法**	**咖啡量与研磨度**	**粉水比**	**萃取时的水温**	**咖啡豆介绍**

任务4　虹吸壶萃取

情/境/导/入

利用虹吸壶萃取咖啡具有很好的表演性和观赏性，那么到底虹吸壶是如何萃取咖啡的，萃取的咖啡与用其他方式萃取的咖啡有何不同呢？带着好奇，我们开始今天的学习任务——虹吸壶萃取。

虹吸壶萃取是一种简单又好用的咖啡冲煮方法，也是咖啡厅中普遍运用的传统咖啡煮法之一。

学/学/做/做

【制作原理】

虹吸壶（见图3–8）：杯体包括上壶和下壶，其萃取原理是加热下壶的水，将下壶插入上壶，使下壶呈现真空状态，利用下壶和上壶的压力差将下壶的热水推至上壶，待下壶温度下降后再把上壶的水回吸回来。

虹吸壶除了可以烹调咖啡，也可以泡茶。常见的虹吸壶品牌有哈里欧、泰摩等。

图3–8　虹吸壶

【材料器具准备】

虹吸壶萃取的材料器具如图3–9所示。

手动或电动磨豆器

虹吸壶

咖啡杯、匙

图3–9　虹吸壶萃取的材料器具

【操作步骤】

虹吸壶萃取操作一览表见表3–4。

表3-4　虹吸壶萃取操作一览表

操作要领图	操作步骤	备　注
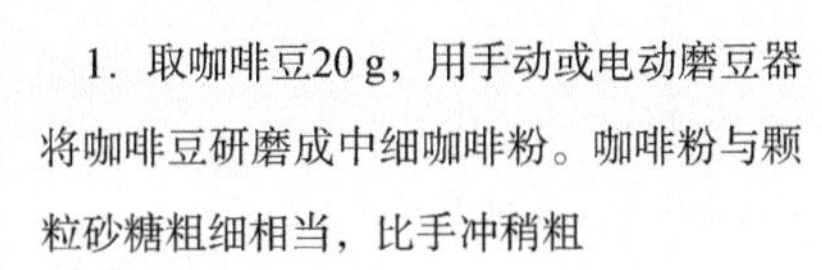	1. 取咖啡豆20 g，用手动或电动磨豆器将咖啡豆研磨成中细咖啡粉。咖啡粉与颗粒砂糖粗细相当，比手冲稍粗	粉水比为1:11～1:13
	2. 注水：向下壶注入适量的热水，点火。将酒精灯放在下壶的中心。灯芯离火口3 mm左右	加热热源。购买虹吸壶的标配是酒精灯，但现在很多咖啡厅不允许使用明火。因此，目前咖啡厅内大多使用光波炉加热，也有少量咖啡厅使用小型气压瓦斯炉
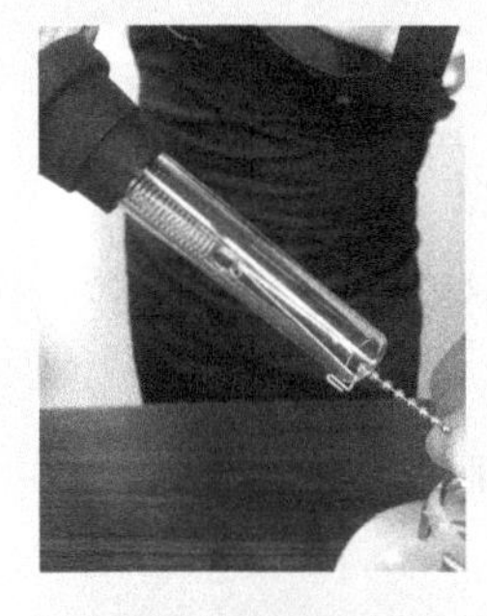 	3. 组装：将过滤器固定在上壶上，将铁钩固定在上壶前端，预先将上壶斜插放置，等水沸腾后，先拉出酒精灯，将上壶摆正并组装好后再加热	下壶直接加热水，有利于快速煮开，减少等待时间
	4. 搅拌：下壶的水完全上升入上壶后，在上壶倒入咖啡粉，用工具搅拌，第一次搅拌45～50秒，第二次搅拌时可将酒精灯移开	先插上壶，后投粉 。下壶水煮开时，会冒出连续的气泡，此时插上壶并轻压，待下壶的水上来后，投入磨好的咖啡粉，按此顺序，利于咖啡粉的均匀萃取

续表

操作要领图	操作步骤	备注
	6. 冷却：将酒精灯移出，用盖子将火灭掉。用湿抹布（拧干）擦拭下壶壶体，待咖啡流到下壶后，将咖啡倒出即可享用	注意清洁滤布。如果滤布长时间不用，要及时更换。用完之后，要洗干净，泡在纯净水内，并时常更换水。两种不同的咖啡，建议用不同的滤布，防止串味

讨/论/交/流

讨论1：两种投粉方式萃取的咖啡口感有何不同？

讨论2：若换成自来水、蒸馏水，咖啡风味有何不同？

知/识/链/接

摩卡壶、虹吸壶、滴滤式咖啡壶有何不同点

摩卡壶由上、下两部分组成，用下壶烧水产生的高温蒸汽来萃取浓缩咖啡，萃取的咖啡很浓，适合喜欢浓缩咖啡和花式咖啡的人。

虹吸壶利用虹吸原理，用热水快速煮制咖啡，适合制作单品咖啡，器具美观，制作过程很有观赏性。

滴滤式咖啡壶一般需要滤杯、滤纸或者专用咖啡滤网（使用滤网时，咖啡液不如使用滤纸纯净），使用中度研磨的咖啡粉，在滤杯中加入80～90 ℃的开水过滤制作咖啡，适合单品咖啡的制作，口感纯净，能最佳地保留高级单品咖啡的风味特色。

反/思/评/价

通过本任务的学习，写出你的收获。

我完成了：________________

我学会了：________________

我最大的收获：________________

我遇到的困难：________________

我对老师的建议：________________

实 / 践 / 活 / 动

通过本任务的学习，你是否掌握了虹吸壶萃取咖啡的方法？请尝试用虹吸壶制作一杯香醇的咖啡吧。

单品咖啡冲泡者	萃取时间	咖啡量与研磨度	粉水比	萃取时的水质	咖啡豆介绍

任务5　皇家比利时壶萃取

情 / 境 / 导 / 入

学习了一系列手工萃取咖啡的方法后，大家对咖啡萃取一定充满了兴趣。今天，我们来欣赏一个造型别致的壶，它是什么呢？又该如何操作呢？让我们一起开始今天的学习任务：用皇家比利时壶萃取咖啡。

学 / 学 / 做 / 做

【制作原理】

皇家比利时壶（见图3-10）萃取原理：当蓄水器中装满水时，天平失去平衡向右方倾斜；水开后，热水冲开虹吸管里的活塞，顺着管子冲向玻璃杯，对咖啡粉进行萃取。蓄水器中的热水都流到玻璃壶内，蓄水器因重量减轻会自然升起，酒精灯会自动熄火。蓄水器开始冷却，内部压力降低，制作完成的咖啡会通过细管重新流回蓄水器中，细管底部的滤布将咖啡渣过滤并留在玻璃杯底。

图3-10　皇家比利时壶

【材料器具准备】

皇家比利时壶。

【操作步骤】

皇家比利时壶萃取操作一览表见表3-5。

表3-5 皇家比利时壶萃取操作一览表

操作要领图	操作步骤	备注
	1. 在酒精灯内装入7分满的酒精，并调整灯芯高度（约高出灯座0.5 cm）	添酒精时要远离火源，灭酒精灯时不能用嘴吹
	2. 拧开注水口，注入一定量的开水，然后拧紧注水口	粉水比1:13左右
	3. 将一定量的现磨咖啡粉放入玻璃杯，将粉抹平	一般1杯咖啡最少用18 g粉
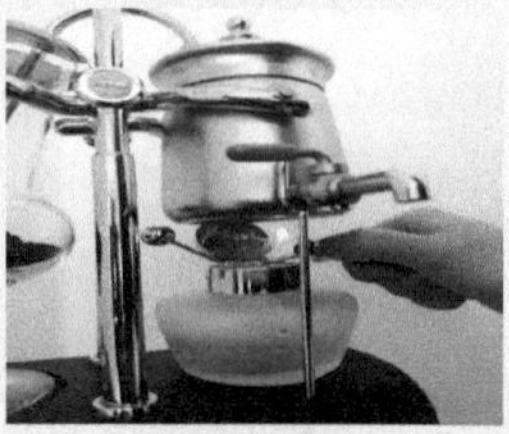	4. 将重力锤往下压，打开酒精灯，卡住蓄水器，点燃酒精灯	蓄水器、虹吸管、放咖啡粉的玻璃灯连接要紧密，保持一个密封的环境
	5. 由于虹吸原理，制作完成的咖啡会通过细管重新流回蓄水器中，细管底部的滤网将咖啡渣过滤并使其留在玻璃杯底	过滤处所包的滤布分清内外，安装、清洗、拆卸要小心操作
	6. 打开注水口让空气对流，然后打开水龙头，便可享受咖啡了	清洗比利时壶要用清水，并且要手洗。不可用洗洁精、钢丝球

讨/论/交/流

讨论1：皇家比利时壶与虹吸壶制作咖啡的原理一样吗？各自有何优缺点？

讨论2：若一位同学在制作咖啡的过程中，扭开水龙头，但皇家比利时壶中没有咖啡流出，该同学可能在哪个步骤出现了错误？

知/识/链/接

1840年，出生于苏格兰的造船技术专家James Napier发明了第一款比利时咖啡壶，其造型是两个并排摆放的玻璃瓶。为了彰显皇家气派，特意找工匠精心打造，用黄铜代替部分玻璃，弥补了玻璃的不稳定性，细节设计也十分精密。

反/思/评/价

通过本任务的学习，写出你的收获。

我完成了：________________________________

我学会了：________________________________

我最大的收获：____________________________

我遇到的困难：____________________________

我对教师的建议：__________________________

任务6　手冲咖啡

情/境/导/入

今天我们来了解如何做好一杯手冲咖啡。

手冲咖啡（见图3-11）是目前比较流行的咖啡萃取方式之一，是精品咖啡厅常见的标准配置。高品质的单品咖啡常用手冲的方式来完成，以获得最纯粹、最原始的单品咖啡风味。与其他过滤式萃取方式相比，手冲咖啡更具有表演性和互动性。

图3-11

学/学/做/做

【制作原理】

手冲咖啡的核心原理是溶解和扩散。通过注水使部分咖啡溶解，利用其与未溶解的咖啡间的浓度差实现扩散。

【材料器具准备】

咖啡豆、磨豆机、水、滤杯、滤纸、分享壶、手冲壶。若能配置智能电子秤、定温手冲壶更好；如没有，那么利用一台电子秤、一个温度计、一个咖啡豆量勺也基本可以完成手冲咖啡。

【操作步骤】

手冲咖啡操作示意图如图3-12所示。

图3-12　手冲咖啡操作示意图

1. 磨粉

选取适量咖啡豆研磨成粉，研磨度建议比砂糖略细，比细沙略粗。咖啡豆的研磨度关乎萃取率，直接影响咖啡的口感。在同样温度和萃取时间下，研磨越细，咖啡越苦，越容易萃取过度。研磨越粗，则越偏酸质，越容易萃取不足。

2. 折纸及装粉

选取与滤杯配套的滤纸，折叠其边，使其能正好套在杯壁上，然后先用热水冲洗一下，防止滤纸出现纸浆的味道。投入咖啡粉，轻轻地摇晃或轻拍滤杯，使咖啡粉表面平整。

3. 粉水比

粉水比一般选择在1:13～1:16，通常选用标准值1:15。

4. 闷蒸

第一次注水时，让热水浸湿所有咖啡粉，并让咖啡粉散开，膨胀成具有一定厚度的过滤层。该步骤能够充分释放咖啡成分，从而进行有效萃取。具体如图3-13和图3-14所示。

一般来说，新鲜的咖啡粉闷蒸20～30秒，新鲜的咖啡粉中气体较多，闷蒸时会膨胀成汉堡状。放置过久的咖啡，闷蒸时不鼓包，甚至会塌陷，可以适当缩短闷蒸时间。不鼓包的豆子，香气会相对弱一些。

图3-13 闷蒸示意图1

图3-14 闷蒸示意图2

5. 萃取

闷蒸结束后，可进行第二次冲煮，也可以按照自己的习惯，分成3～4次注水来完成萃取，但整体萃取时间最好在2～2.5分钟，萃取时间不要超过4分钟。

注水时，注意壶嘴离粉面不要太高，以免损失水温、加大冲力。另外，水流要向同一个方向不停画圈，不要一直在一个点加水，避免萃取不均匀。

具体过程详见视频3-2：手冲咖啡注水视频。

视频3-2
手冲咖啡注水视频

【技术指点】

1. 咖啡粉

新鲜的咖啡豆才能让咖啡的口感最佳，建议购买烘焙日期不超过一个月的咖啡豆。咖啡豆要在喝之前现磨、现萃取，这样才能品尝到更佳的香气和味道。因为咖啡豆从磨碎的那一瞬间开始，香气和味道就会挥发到空气中。根据个人对口感的需求，选择相应风味的咖啡豆，并调整烘焙度、研磨度。

2. 滤杯

滤杯最早是1990年德国的梅丽塔·本茨女士研发的。不同形状的滤杯，会产生不同的流速，会对咖啡最终的味道有影响。

3. 手冲壶

手冲咖啡最重要的是控制注水的速度。因此，壶嘴细的手冲壶是目前较流行的选择，其便于咖啡师掌握水流。另外，不同的咖啡要求用不同的水温萃取，能够定温的手冲壶是手冲咖啡的最佳搭配。

4. 温度计、电子秤、量勺

咖啡的味道受很多因素的影响，除了水温、研磨度，粉水比、萃取时间也很重要。因此有标准计量的温度计、电子秤、量勺时，萃取咖啡更加科学、精准。

5. 水

水在咖啡中的比重很高，所以水质是影响咖啡味道很重要的因素。首选TDS（溶解性固体总量）值在150毫克/升左右的矿泉水，其次是纯净水，无奈之选才是自来水。

注：如只能选自来水，可以多煮开一会儿，以去除氯气的味道。

6. 影响咖啡浓度的因素

影响咖啡浓度的因素有咖啡豆的烘培度、研磨度、水温、粉水比、水流速度等，具体影响程序见表3-6。

表3-6 影响咖啡浓度的因素及影响程度

因素	程度		
咖啡的浓度	风味寡淡——→风味浓烈		
咖啡豆的烘培度	浅烘焙	中烘焙、中深烘焙	深烘焙
咖啡豆的研磨度	粗研磨	中研磨	细研磨
水温	低温（87 ℃以下）	中温（87~90 ℃）	高温（90 ℃以上）
水流速度	快速（水流略粗，蔓延流下）	中速（水流粗细适中，垂直流下）	慢速（水流略细，内缩流下）

讨/论/交/流

讨论1：比较速溶咖啡与手冲咖啡的风味区别，做好记录。

讨论2：除了咖啡豆的烘培度、研磨度、水温、水流速度，还有什么因素会影响咖啡的浓度？做好记录。

讨论3：比较利用不同水粉比冲泡的咖啡，记录口感的区别。

讨论4：利用课余时间翻阅相关书籍，了解手冲咖啡的文化背景。

知/识/链/接

在萃取咖啡时，先将磨好的咖啡粉放入滤杯中再注水。第一次注水要少量，且静置至浸透咖啡粉，然后再分为3～4次注水。为什么要分这几个步骤呢？因为手冲咖啡的核心原理是溶解和扩散，一杯成功的手冲咖啡的秘诀就在于咖啡和水的均匀接触。

同学们在练习时，可以用同一种咖啡对不同变量进行对比，就会发现萃取的奥秘。

实/践/活/动

为了体验手冲咖啡的操作手法，请同学们尝试冲泡一杯手冲咖啡吧，并按表格中的内容分享冲泡心得。

背景音乐的名称	环境布置物件	咖啡量与研磨度	风味	咖啡豆介绍
手冲咖啡冲泡者	萃取方法	粉水比	萃取时的水温	

任务7 滴滤式咖啡萃取
——美式咖啡机萃取

情/境/导/入

单品咖啡不仅仅只有手工制作。利用美式咖啡机是制作单品咖啡的最简便方式。最近几年，更是出现了越来越多的智能萃取设备，可直接连接手机App，且功能详尽，非常有科技感。今天的任务是用美式咖啡机制作一款美式淡咖啡，如图3-15所示为美式咖啡机。

美式咖啡机被广泛应用于世界各国的星级酒店、快餐连锁、大型自助餐厅。

图3-15　美式咖啡机

学/学/做/做

用美式咖啡机制作咖啡

以漏斗型过滤器的美式咖啡壶为例，介绍用美式咖啡机制作咖啡。

【制作原理】

如图3-16所示为漏斗型过滤器的美式咖啡壶，分为上下两层，使用时将事先研磨好的咖啡豆放在装有滤纸或金属滤器的上层漏斗状容器中，下层为玻璃或陶瓷制的咖啡壶，把冷水倒入储水槽。启动时，将冷水加热到90 ℃左右，机器会自动抽取热水喷洒到漏斗状容器内，使热水经过咖啡粉流入下方的咖啡壶内。该原理与手冲滤杯一样，只是这里完全脱离了手工。

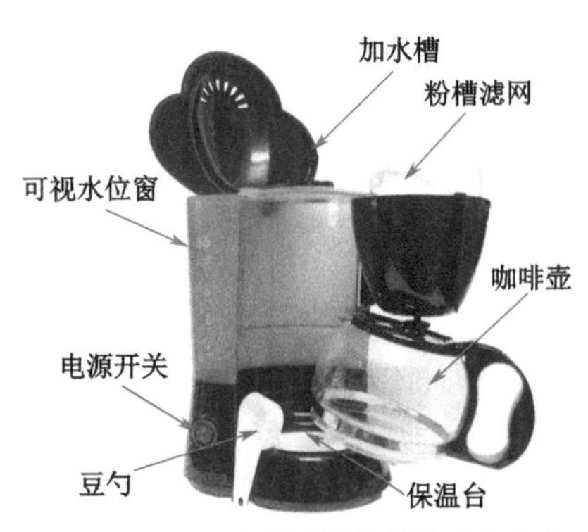

图3-16　漏斗型过滤器的美式咖啡壶

这种咖啡机除了可以冲煮咖啡，还可以泡茶。常见的美式咖啡机品牌有伊莱克斯（Electrolux）、飞利浦（Philips）、博朗（Braun）等。

【材料器具准备】

咖啡豆、调糖（或者方糖）、奶精、手动或电动磨豆器、咖啡滤纸、美式咖啡机、咖啡杯、匙等。

【操作步骤】

美式咖啡机萃取操作一览表见表3-7。

表3-7 美式咖啡机萃取操作一览表

操作要领图	操作步骤	备注
	1．取咖啡豆4勺，用手动或电动磨豆器研磨成中细咖啡粉（与颗粒砂糖相当）	全自动咖啡机融研磨和冲煮于一体，可直接使用咖啡豆。除此之外，大多数的咖啡冲煮机器都使用咖啡粉。因此咖啡粉的研磨度在萃取中至关重要
	2．将水倒入水箱，水量可以参考机器上的刻度。无刻度显示时可利用玻璃壶上的刻度	如果你喝不惯咖啡，可以用美式咖啡机来冲泡茶叶（推荐袋泡红茶），感受别样的风味
	3．折滤纸，滤纸两侧有缝线，折法是将两边缝线折向不同方向	有金属滤网的机器，此步骤可省略
	4．将滤纸（或滤网）放到过滤器上	一般市面上有漏斗型过滤器与圆底过滤器两种
	5．将咖啡粉放入过滤器，机器附赠的咖啡粉量匙会对照水箱所需水量来设计，也可依个人风味增减	放咖啡粉的方式有三种：一是把咖啡粉敲平；二是让咖啡粉形成山丘状；三是在粉层中挖个洞。三种方式煮出来的咖啡风味各不相同

续表

操作要领图	操 作 步 骤	备　注
	6．打开机身上的开关，让咖啡的精华缓缓地滴入玻璃容器	温壶。煮咖啡之前可以先用热水温好玻璃壶，这样可减少非良质酸的出现
	7．让咖啡慢慢地滴到自己想要的量即可关机	一般美式咖啡壶的咖啡玻璃壶上都会标示几杯份
	8．大多美式咖啡机都有保温功能	保温超过20分钟会破坏咖啡的风味，建议关机后立即享用
	9．可享用不加糖和奶的“黑咖啡”，也可依据个人风味加入适量的糖和奶（奶精）	

讨/论/交/流

讨论1：咖啡粉的粗细会不会影响咖啡的口感？

讨论2：比较速溶咖啡与现磨现煮咖啡的风味区别，做好记录并讨论。

讨论3：利用课余时间翻阅相关书籍或到咖啡吧参观学习，了解咖啡不同的烧煮、调配方法，以及不同的咖啡文化。

知/识/链/接

经典咖啡介绍

1. 爱尔兰咖啡（见图3-17）：甘醇的威士忌酒香与咖啡香气恰如其分地融合，在温馨的日子里，用心冲泡爱尔兰咖啡，与家人、朋友分享，颇能提升饮用咖啡的乐趣。

2. 皇家咖啡（见图3-18）：白兰地的加入提升了皇家咖啡的尊贵品质。据说，皇家咖啡是拿破仑远征俄国时发明的，蓝色的火焰引发白兰地的芳醇与方糖的焦香，再配上浓浓的咖啡香气，苦涩中略带甘甜，的确具有“王者风范”。

图3-17　爱尔兰咖啡

图3-18　皇家咖啡

反/思/评/价

通过本任务的学习，写出你的收获。

我完成了：________________

我学会了：________________

我最大的收获：________________

我遇到的困难：________________

我对老师的建议：________________

实/践/活/动

为了营造一个温馨的氛围，布置一个小咖啡吧，听听音乐，交流咖啡技艺学习的体会，并按表格中的内容讲讲咖啡吧聚会的感受。

背景音乐的名称	环境布置物件	鲜奶（匙）	方糖（块）	风味	品饮姿态
滴滤式咖啡冲泡者	萃取方法	咖啡量与研磨度	粉水比	咖啡液重	咖啡豆介绍

任务8　冷萃咖啡

情/境/导/入

通过之前一系列的学习，大家基本掌握了各种过滤式器具的制作方法。这些年，各大咖啡厅开始流行冷萃咖啡，很多已经成网红产品。那么一杯爽口清凉的冷萃咖啡应该如何制作呢?

今天的任务是学习并制作一杯冷萃咖啡（见图3-19），冷萃咖啡制作器具如图3-20所示。

图3-19　冷萃咖啡

图3-20　冷萃咖啡制作器具

冷萃咖啡有多种制作方式，如冰滴法、日式冰镇法、冷泡法等，其中冷泡法是简单、方便的萃取法，使用身边现有的冲泡容器就能制作冷萃咖啡。

学/学/做/做

【制作原理】

简单来说，基本使用非热水萃取的咖啡都可以称为冷萃咖啡。根据萃取时的水温，冷萃咖啡目前比较流行的做法不外乎三种：常温水萃取、冷水萃取、热水萃取后迅速冷却降温。比较常见的是长时间浸泡咖啡粉，一般为12～24小时，然后过滤咖啡粉得到咖啡浓缩液。可以在浓缩液中加入清水、牛奶或奶油等来制作不同风味的咖啡饮品。有时也可以再加入一些冰块来调节口感。

【材料器具准备】

咖啡豆、磨豆机、水、冷藏工具（如冰箱）、过滤工具（如滤纸、滤杯等）。

【操作步骤】

1. 磨粉

称取适量咖啡豆进行磨粉。大部分人能够接受的冷萃咖啡粉水比为1:6～1:8。

注：粉水比因人而异，可根据个人喜好自行调节。

2. 萃取

将咖啡粉倒入容器，注水并进行充分搅拌，从而实现有效萃取。

3. 静置

将咖啡液静置冷藏，时间一般为12～24小时。

4. 过滤

以滤纸、滤杯为例，将咖啡液倒入套有滤纸的滤杯，即可提取咖啡。注：也可准备棉布，如有法压壶、爱乐压、聪明杯等设备，可根据各自特性进行过滤。

5. DIY

根据个人喜好，可任意添加牛奶、清水、冰块等，当天饮用风味最佳，建议保存时间不要超过2天。

【技术指点】

1. 咖啡粉

咖啡豆的研磨度取决于咖啡冷藏的时间，研磨度一般在中粗到中细之间。静置时间较短，通常咖啡豆就会磨得较细；如果静置时间超过24小时，那研磨度便要设定得粗一些，以免咖啡过度萃取，味道会变得非常浓烈。

2. 粉水比

之前提到的1:6～1:8的粉水比，考虑的是直接饮用时的咖啡浓度。若饮用时需要加入牛奶、凉水或冰块等，为避免过度稀释影响咖啡口感，可考虑萃取时用1:4的粉水比，过滤之后，再加入与咖啡液同量的牛奶、凉水或冰块等，口感也较适宜。

3. 静置时间

一些书籍中介绍冷萃咖啡静置时间是6～12小时。通过比较，静置时间在12～24小时的咖啡口感更加香醇、柔和。若需节省时间，可以将咖啡豆磨得较细，便于咖啡的萃取。

4. 冰滴装置

萃取原理与冰萃基本相同。按照冰滴装置的不同，操作方式也有所不同。基本都是用冰水，按照每秒1滴的速度进行缓慢萃取。萃取粉水比也是1:6～1:8。萃取出冰滴原液后，再放入冰箱冷藏24小时再饮用，风味更佳。

讨/论/交/流

讨论1：讨论冷萃咖啡与传统热萃咖啡的制作方法有什么不同？做好记录。

讨论2：比较同一种咖啡豆通过热萃取与冷萃取的风味区别，做好记录并讨论。

讨论3：讨论冷萃咖啡风靡欧美的原因及其优势。

讨论3：利用课余时间翻阅相关书籍或到咖啡吧参观学习，了解关于冷萃咖啡的更多知识。

知/识/链/接

冷萃咖啡和冰咖啡的区别

未经过高温萃取的咖啡，抑制了咖啡豆中单宁酸与咖啡因的释放，因此得到味道更加温和甘甜的冷萃咖啡，其不会过酸，也不会过涩。而冰咖啡就是在正常萃取的咖啡中加入冰块冷却而成，冲泡时间较短，若比例失准，咖啡会风味平淡，或味道偏苦。

冷萃咖啡的制作原理十分简单，只需要把握粉水比，通过长时间（12小时以上）的浸泡，即可得到一杯冰凉爽口的咖啡，因此受到了很多上班族的喜爱。前一晚在家磨粉冲泡，冰箱冷藏一夜，第二天起床就可以喝到冰爽的咖啡。

实/践/活/动

为了营造一个温馨的氛围，布置一个小咖啡吧，听听音乐，交流咖啡技艺学习的体会，并按表格中的内容讲讲咖啡吧聚会的感受。

背景音乐的名称	环境布置物件	咖啡量与研磨度	风味	咖啡豆介绍
冷萃咖啡冲泡者	静置时间	粉水比	萃取时的水温	

任务9 其他萃取方法

◆ 情/境/导/入 ◆

在常见的咖啡萃取方法里，所有的方式无外乎两种："浸泡式"与"过滤式"。前者更像是茶叶的冲煮法，在容器里放入咖啡粉与热水，保证时间、温度合适并适时停止；后者则是让热水自由地通过咖啡粉。偏向"浸泡式"的器具有法压壶、聪明杯、冷萃壶、虹吸壶、土耳其壶；偏向"过滤式"的器具常见的有手冲滤杯、法兰绒、所有意式咖啡机、冰滴壶。这里说到"偏向"，是因为即使在一种萃取方法里，也存在"浸泡式"与"过滤式"同时起作用的情况，例如，用细粉研磨加搅拌的手冲方法，热水会在滤器中停留一段时间；而土耳其壶就偏向纯粹的"浸泡式"器具。

◆ 学/学/做/做 ◆

用其他器具制作咖啡

以越南滴滴壶和聪明杯为例，介绍用其他器具制作咖啡。

一、越南滴滤杯萃取

【制作原理】

越南滴滤杯（见图3-21），又称为越南滴滴壶，是法式滴漏壶的一种，体积小，便于携带，一般由不锈钢制成。

图3-21 越南滴滤杯

越南咖啡源于20世纪初期法国非常盛行的滴滤咖啡，随着法国与越南的殖民关系被带入越南。越南咖啡采用深度烘焙的咖啡豆（通常在烘焙后加入黄油调味），研磨成极细粉末，置入铝制或不锈钢制的有盖滴滴壶，用压板略微压紧，从上方注入煮沸的热水，咖啡便会缓慢而优雅地滴入放有炼乳的杯中，滴完一杯需要3～5分钟。

【材料器具准备】

越南滴滤杯制作咖啡的材料器具如图3–22所示。

咖啡豆

手动或电动磨豆机

越南炼乳

越南滴滴壶

滴滴壶滤纸

图3–22　越南滴滤杯制作咖啡的材料器具

【操作步骤

越南滴滤杯操作一览表见表3–8。

表3–8　越南滴滤杯操作一览表

操作要领图	操 作 步 骤
	1. 将壶盖、压板拿开，壶身放在咖啡杯上
	2. 将滤纸放入壶内

续表

操作要领图	操作步骤
	3．倒入水，浸泡滤纸
	4．加入15 g左右的咖啡粉
	5．抖平咖啡粉，装上压板压紧
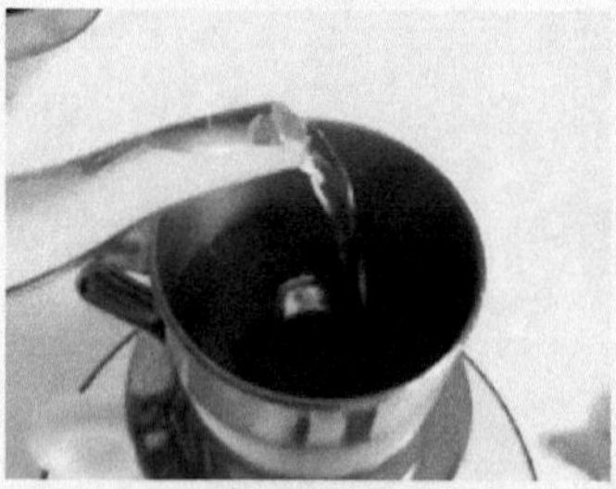	6．倒入92 ℃的开水，让咖啡滴入杯中
	7．盖上盖子，静置3～5分钟

续表

操作要领图	操作步骤
	8. 搅拌一下，一杯香气扑鼻的咖啡就制作完成了

二、聪明杯萃取

【制作原理】

聪明杯，英文名为Mr.Clever（Clever Coffee Dripper），其主要产于中国台湾。聪明杯结合了法压壶和手冲壶的优点，简单、方便、易用。仅需两分钟的时间，不管你是咖啡达人，还是新手，都能轻松获得一杯优质的好咖啡。聪明杯的秘密在于内部的活塞和底部的开关：在平放的状态下，开关下沉，活塞牢牢地挡住了流水；而当把它放到杯子上时，开关被顶上去，活塞打开，水就可以流下来。聪明杯确实聪明好用，适合爱咖啡又怕麻烦的咖啡族。

【材料器具准备】

聪明杯制作咖啡的材料器具如图3-23所示。

咖啡豆

手动或电动磨豆机

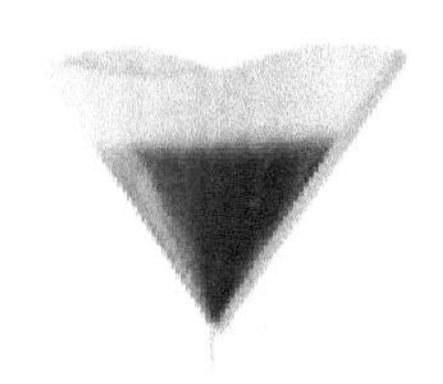
滤纸

宫廷细嘴壶

聪明杯

咖啡杯、碟

图3-23　聪明杯制作咖啡的材料器具

【操作步骤】

聪明杯操作一览表见表3-9。

表3-9　聪明杯操作一览表

操作要领	操作步骤
	1．先将聪明杯的盖子拿掉
	2．放入滤纸
	3．倒入热水，浸湿滤纸以去掉纸浆味
	4．将咖啡粉倒入聪明杯，并拍平咖啡粉
	5．注入92 ℃左右的热水，根据1∶15的粉水比，加入15 g咖啡粉，倒入225 g热水

续表

操作要领	操作步骤
	6．用搅拌棒或勺子进行一次搅拌
	7．盖上盖子，焖蒸90～120秒
	8．拿掉盖子，将聪明杯放置在分享壶上，滴滤咖啡，整个过程控制在2分30秒内，根据不同的咖啡豆与想要的口感，自行调整
	9．倒入咖啡杯
	10．一杯完美的咖啡制作完成

【技术指点】

越南滴滴壶一般用来制作冰咖啡，较多使用玻璃咖啡杯；各种烘焙度的咖啡豆都可制作；咖啡粉的粗细直接影响咖啡的浓度。

聪明杯适合想体验手冲咖啡但又做不好的人。其用途多样，既可以当手冲滤杯用，也可以作“法压壶”来浸泡咖啡。

讨/论/交/流

讨论1：尝试用不同研磨度的咖啡粉，用越南滴滴壶进行制作，说说由不同研磨度带来的对咖啡风味的影响。

讨论2：分别用聪明杯和法压壶制作咖啡，比较两种风味的区别，做好记录并讨论。

讨论3：利用课余时间翻阅相关书籍或到咖啡吧参观学习，了解咖啡制作以及不同的咖啡文化。

知/识/链/接

巴西咖啡豆

巴西是全世界最重要的咖啡豆生产国，其咖啡产量占全世界的1/3。巴西通常大面积种植咖啡豆，且机械化种植、采摘、处理程度高，尤其是生豆的处理方式上，大多采用机械干燥的半日晒法，巴西的咖啡豆价廉物美，是意式咖啡中最常用的基豆，也是速溶咖啡的主要原料。其特点：咖啡豆粒大、香味浓，有适度的苦味，亦有高质感的酸味，总体口感柔和，酸度低，仔细品尝回味无穷。巴西咖啡的口感带有较低的酸味，配合咖啡的甘苦味，入口极为滑顺，而且又带有淡淡的青草芳香，清香略带苦味，甘滑顺口，余味令人舒适畅快。

实/践/活/动

为了营造一个温馨的氛围，布置一个小咖啡吧，听听音乐，交流咖啡技艺学习的体会，并按表格中的内容讲讲咖啡吧聚会的感受。

背景音乐的名称	环境布置物件	鲜奶（匙）	方糖（块）	风味	品饮姿态
咖啡冲泡者	萃取方法	咖啡量与研磨度	粉水比	萃取时的水温	咖啡豆介绍

项目4 咖啡饮品创意

任务1 抹茶卡布

任务2 香草蛋白糖咖啡

任务3 莓果咖啡

任务4 幸福零食派对

任务5 鸳鸯咖啡

◆ 情/境/导/入 ◆

将咖啡作为基底，除了加入酒精，如何别出心裁地搭配水果、果汁、糖浆等各种原料，变化出截然不同的滋味呢？Willa开始集思广益，让咖啡在提神醒脑、冷静思绪之余，带来活泼、浓烈的多样感受。

任务1 抹茶卡布

◆ 学/学/做/做 ◆

抹茶的清新与咖啡的香醇一经碰撞，再加上绵密的口感，不禁让人爱上这一杯秋冬热饮！

配方：

30 ml	浓缩咖啡
10 g	抹茶粉①
200 ml	牛奶
少许	抹茶粉②

步骤：

1．将抹茶粉①倒入杯中；

2．萃取意式浓缩咖啡；

3．将牛奶加热至65 ℃后，用手拉式奶泡壶打成奶泡，倒入杯中至十分满；

4．将抹茶粉②撒在冷奶泡表面即可。

任务2 香草蛋白糖咖啡

◆ 学/学/做/做 ◆

香草一直都是大众喜爱的口味，大人小孩都喜欢；蛋白糖也同样受到大家的喜爱。当香草的芬芳与蛋白糖的童趣结合在一起，绝妙的搭配让咖啡的风味更加有趣！

配方：

30 ml	浓缩咖啡
10 ml	香草糖浆
几颗	蛋白糖
200 ml	牛奶

步骤：

1．将香草糖浆倒入杯中；

2．萃取意式浓缩咖啡并倒入杯中；

3．将牛奶加热至65 ℃后，用手拉式奶泡壶打成牛奶泡，倒入杯中至八分满；

4．将蛋白糖放在牛奶泡上，适当装饰即可。

任务3 莓果咖啡

学/学/做/做

哥斯达黎加的咖啡豆经过精心萃取，莓果风味突出，加上果汁的提味，口感令人惊艳，是夏日爽口提神的最佳选择。

配方：

15 g	哥斯达黎加咖啡豆（蜜处理）		
50 ml	莓果浓缩汁	少许	冰块
50 ml	牛奶	10 ml	蜂蜜糖浆

步骤：

1．将哥斯达黎加咖啡豆用手冲方式萃取，以冷缩法处理；

2．将蜂蜜糖浆、莓果浓缩汁倒入装有冰块的杯中；

3．将咖啡以分层法倒入杯中至九分满即可。

冰镇法：采用隔冰冷却的方式可保持原来的浓度，而直接加冰会使味道变淡。

饮用小贴士：先将牛奶从咖啡中间倒入，充分搅拌后再饮用。

任务4 幸福零食派对

学/学/做/做

当咖啡遇上爆米花和棉花糖，整个画面瞬间洋溢着童趣，在美妙的咖啡上，漂浮着色彩美丽、造型可爱的小零食，透露着幸福的气息。

配方：

30 ml	浓缩咖啡
几颗	棉花糖
几颗	爆米花
100 ml	牛奶
10 ml	焦糖糖浆
10 ml	蜂蜜

步骤：

1. 将焦糖、爆米花、糖浆倒入杯中；
2. 萃取意式浓缩咖啡后，倒入杯中；
3. 将加热过的牛奶用手拉式奶泡壶打出奶泡；
4. 将热的牛奶泡倒入杯中；
5. 挤上蜂蜜，并放上棉花糖和爆米花装饰即可。

任务5 鸳鸯咖啡

学/学/做/做

红茶与咖啡的结合令人期待，两者的优点互相凸显又相互融合，令人有种“只羡鸳鸯不羡仙”的感觉。

配方：

30 ml	浓缩咖啡	100 ml	牛奶
20 g	锡兰红茶	5 ml	奶油香甜酒
10 g	冰糖	少许	冰块
200 ml	热水		

步骤：

1．在锡兰红茶与冰糖中加入热水浸泡；

2．浸泡约1分30秒后，以冰镇法处理；

3．将冰镇后的锡兰茶汤以过滤的方式，倒入装有冰块的杯中至七分满；

4．萃取意式浓缩咖啡后，以冷缩法处理；

5．将咖啡液倒入杯中，并加入奶油香甜酒；

6．用手拉式奶泡壶把牛奶打出冷奶泡，并倒入杯中至十分满。

冷缩法：将刚冲煮的浓缩咖啡，在最热时倒入冰块中，使温度急速下降，将原本随着蒸汽散失的挥发性芳香物质直接封在咖啡中，使咖啡的香气特别浓郁，也使得浓缩咖啡的浓度变得恰到好处，不至于过于强烈。

互动角

举办一个咖啡派对，布置一个创意咖啡展示台，制作以上五款创意饮品的任意一款，或者创新DIY一款创意咖啡饮品，并交流咖啡饮品制作的创新体会，完成创意咖啡名片。

创意咖啡名		配方	
创意灵感		操作步骤 精美图片	

项目5 咖啡出品与咖啡门店经营

任务1 咖啡出品服务

◆ 情/境/导/入 ◆

经过之前的学习，大家对咖啡已经有了浓厚的兴趣，是不是很想做一名帅气酷炫的咖啡师？

一名合格的咖啡师，首要的一点是懂得咖啡出品。怎样将一杯美味又美观的咖啡在合理的时间内呈现在顾客面前？在面对很多顾客时，如何展示自己从容不迫、优雅自信的姿态？

班级分为几个小组，以小组为单位完成以下任务：

1. 每组结合之前所学的内容，通过网络等途径，为本组确定几款咖啡的出品标准。
2. 每组为每种咖啡选择合适的杯子和装饰。
3. 运用咖啡服务礼仪模拟演练咖啡出品服务。

◆ 学/学/做/做 ◆

咖啡带来的不仅是味蕾上的满足，更是视觉上的享受。咖啡师应让顾客在美好的环境中，闻着咖啡香，舒适地品尝咖啡，咖啡出品时的美观度也非常重要。

【材料器具准备】

咖啡出品服务的材料器具如图5-1所示。

工作台　　各类咖啡器具

图5-1　咖啡出品服务的材料器具

【操作步骤】

（一）选择合适的咖啡杯

咖啡杯（见图5-2）主要分为以下几种：

（1）意式咖啡杯（240 ml和320 ml）

这种咖啡杯是最常见的类型，适合任何一种意式咖啡。

（2）单品咖啡杯（180～240 ml）

容量介于小型咖啡杯和传统咖啡杯之间，用于双份浓缩意式咖啡。

图5-2　咖啡杯

（3）浓缩咖啡杯（60～80 ml）

"demitasse"指"浓缩咖啡杯"，它适用于苦味非常强劲的意式咖啡，也适合在饭后少量饮用咖啡时使用。意式咖啡需要咖啡杯有较好的保温性，因此这种咖啡杯的杯身比其他一般杯子要厚实一些。

一般来讲，单品咖啡杯与意式咖啡系列的咖啡杯有比较明显的区别。

相对来说，单品咖啡杯可选择的余地较大，且可以按照咖啡厅的装修风格、人群定位、消费档次高低来选择。而意式咖啡杯，按照出品品类，分为浓缩咖啡杯、卡布奇诺杯、拿铁杯、摩卡杯、美式杯（马克杯）等。

（二）选择配饰

1. 托盘

咖啡杯和托盘（见图5-3）是很好的搭档，托盘可以延伸咖啡杯的功能，具有很强的实用性，同时还能装饰咖啡杯，提高咖啡的颜值和档次。

图5-3　咖啡杯和托盘

2. 甜品——以意式浓缩咖啡为例

意式浓缩咖啡是一种口感强烈的咖啡，以90.5 ℃的热水，借由900 kPa的高压冲过研磨得很细的咖啡粉来制作咖啡。一般用小玻璃杯来装，而且多数是一两口喝干，很少有慢慢品尝的，与中国工夫茶的慢慢品尝刚好相反。搭配建议：

（1）鲜柠檬水，因为Espresso很浓，喝之前最好先喝点清水，把味觉清零，至少不能是口渴的状态。

（2）布朗尼蛋糕，因为咖啡很苦，所以可以配很甜的布朗尼蛋糕，中和一下口感。

3. 咖啡豆——以美式咖啡为例

美式咖啡是最普通的咖啡。一种是使用滴滤式咖啡壶制作的黑咖啡，另一种是在意式浓缩咖啡中加入大量水制成的咖啡。因为加入的热水量很大，美式咖啡口感都会显得很淡。

4. 其他食材——以花式咖啡为例

花式咖啡是加入了调味品及其他饮品的咖啡。因为品种较多，观赏性强，所以在杯子等装饰的选择上范围更加广泛，主要是为了凸显层次感和美感，抹茶拿铁太空系列饮品如图5-4所示。

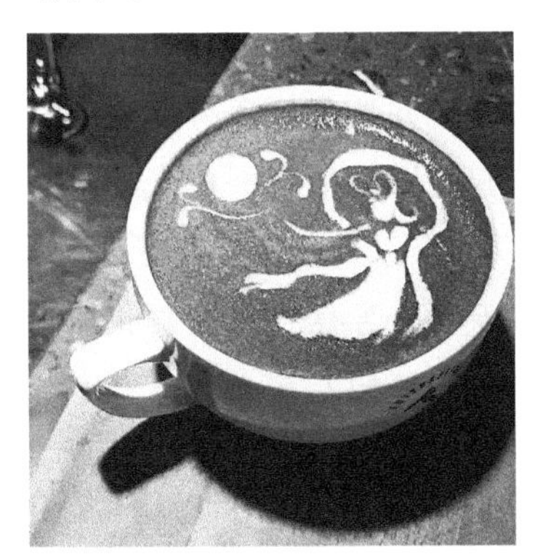

图5-4　抹茶拿铁太空系列饮品

讨／论／交／流

讨论1：自己小组的出品标准是否正确？出品的咖啡是否有好的风味？

讨论2：自己小组选择的杯子是否能凸显咖啡的风味特色，并能提升咖啡的颜值？

讨论2：自己小组是否准备好为顾客提供良好的咖啡出品服务？

知／识／链／接

咖啡厅服务人员服务礼仪标准

1. 个人卫生标准

上岗前不饮酒，不吃异味较大的食品，保持牙齿清洁，口腔清新。上岗前用洗手间后必须洗手，餐厅、客房服务人员要做到接触食品前必须洗手，养成习惯。用餐后要刷牙或漱口。需常修指甲，指甲不可过长，保持指甲清洁。女性员工不可涂深色指甲油，勤洗澡，勤理发，勤换工作服，保持头发梳洗整齐，没有头皮屑。

2. 着工作装标准

咖啡厅服务人员必须着本岗位制服上岗，服装干净、整洁、平整、挺括、无皱褶，线条轮廓清楚。服装必须完好，不陈旧、无破损、不开线、无掉扣，尺寸适中。穿制服时，纽扣要全部扣好；穿西服时，不论男女不得敞开外衣，卷起裤脚、衣袖等。

3. 举止标准

咖啡厅服务人员在工作岗位上必须精神饱满、自然大方，随时准备为客人提供服务。站立时要保持优美的站姿，表情自然、面带微笑。行走时，两眼平视，正视前方，身体保持垂直平稳，无左右摇晃、八字步和罗圈腿。

引导客人行进时，主动问好，指示方向；介绍服务项目或设施时，走在客人的右前方或左前方1.5～2步处，身体略微侧向客人；为客人服务或与客人交谈时，手势正确，动作优美、自然，符合规范；手势幅度适当，使客人容易理解，不会引起客人的反感或误会；使用手势时应尊重客人的风俗习惯，并注意礼貌用语的配合运用。

4. 仪容标准

员工上班必须仪容整洁、大方、舒适，精神饱满。男性员工不得留长发，前发不过耳，后发不过领；不留小胡子、大鬓角。女性员工不留怪发型，一般发不过耳，如是长发，上岗必须盘起。

女性员工必须化淡妆上岗，美观自然，有青春活力，男性员工不得化妆。妆容与工种、服务场所协调，不浓妆艳抹，不轻佻娇艳，不能引起客人反感。上班不佩戴贵重耳环、手镯、项链、戒指等。

5. 服务标准

对待客人谦虚有礼、朴实大方、表情自然、面带微笑、态度诚恳。应尊重客人的风俗习惯和宗教信仰，对客人的服饰、形象、不同习惯和动作，不评头论足，按照客人的要求和习惯提供服务。

同客人交谈时注意倾听，精神集中、表情自然，不随意打断客人谈话或插嘴，时时表示尊重。不做客人忌讳的不礼貌动作，不说对客人不礼貌的话。

实/践/活/动

班级分几个小组，互相扮演咖啡师和顾客，练习咖啡出品，并结合下表对每组进行评分，并相互点评。

风味特点（20分）	环境布置（10分）	出品过程卫生情况（20分）	出品速度（10分）	服务人员仪容仪表（20分）	服务人员服务礼仪（20分）

任务2　咖啡门店经营

情/境/导/入

开一家属于自己的咖啡厅是很多人的梦想。当你成为一名咖啡师时，或许你更会希望你就是这家店的店主。其实，做咖啡师容易，但经营一家店并不那么简单。下面，我们来了解怎样开一家咖啡厅。请参观本地咖啡厅或通过网络寻找自己喜欢的咖啡厅，并与同学们一起分享咖啡厅吸引你的亮点。

学/学/做/做

咖啡服务是咖啡厅经营的一项重要内容，熟悉咖啡服务的规范流程，才能提供优质、有温度的服务。例如，如图5-6所示为部分咖啡服务工作要素。

咖啡桌椅

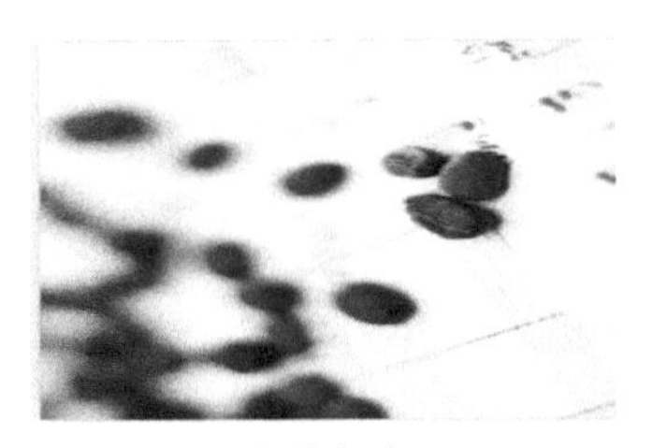

咖啡音乐

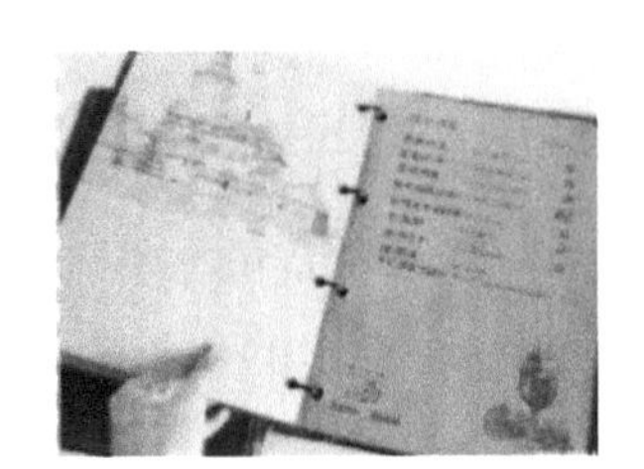

咖啡菜单

图5-6　部分咖啡服务工作要素

【操作步骤】

一、咖啡服务流程

1. 迎宾、点单

（1）宾客到达时，主动热情地问候并引领其至合适的座位前，递上咖啡菜单请宾客选择。

（2）宾客点咖啡时要做到耐心细致，记住每一位顾客点的咖啡，以便正确送达。

（3）点单上写清日期、台号、宾客人数、经手人、咖啡名称、数量及对咖啡的特殊要求。

2. 核对咖啡、餐位

（1）根据点单核对出品的咖啡，检查感官质量。

（2）确认应服务的餐位，保证服务准确。

（3）要注意咖啡杯外表，若有溢出的咖啡要及时清理。

3. 上咖啡服务

（1）咖啡制作完成后，服务人员应把咖啡放入托盘，同时还要配好餐巾纸。

（2）服务人员稳步走到客人桌前，面带微笑，行走时要轻、稳，站在客人的右侧，右腿在前，侧身而进。

（3）站稳后，右手将咖啡放在客人的正前方或右侧，然后将餐巾纸放在客人的右手边，与咖啡杯距离1厘米。

（4）同时使用服务用语："您好，这是您点的咖啡，请慢用。"

（5）确认客人没有任何问题后，方可离开。

4. 结账送客

（1）预先核对账单台号、金额等，客人提出结账时，结账服务要准确、迅速，在2～3分钟内完成。

（2）客人离开时，要跟客人表示感谢，拉凳，提醒其携带随身物品，真诚欢迎顾客下次光临。

5. 结束工作

（1）服务结束后要迅速清理、布置台面。

（2）清理餐台，清洗器具要迅速，操作要规范。

二、咖啡厅管理与营销

1. 选址和定位。咖啡厅的成败，在很大程度上取决于选址和定位。简单地说，就是选择在商场、CBD（Central Business District，中央商务区）、大学校园内，还是地铁口等。在中国，咖啡厅是年轻人的消费密集场所，必须选择在目标人群密集的区域开店，才有可能吸引更多的消费者进入店内消费。在哪里开、让什么样的人进来消费，是在开店之初先要确定的一个基本要素。

2. 店面管理。首先，要求店面整洁漂亮、窗明几净，在视觉上给人以冲击力，留下好的印象。其次，需要对店员进行反复的专业技能、服务技巧的培训，以香浓的咖啡、优美舒适的环境、咖啡师的笑容和服务来吸引消费者。另外，要做好吧台原物料的进出管理，开源节流，防止和减少损耗，及时核对盘库，及时消耗易过期产品。最后，要有整齐规范的统一出品，让消费者能享受到最好的店内特色产品，并持续保持出品和服务品质。

3. 品牌营销。随着网络时代的来临，营销平台多如牛毛，而低成本且有效的营销手段，是增加和稳定客流的最好武器。一般来说，新店开业之后，一是需要及时注册大众点评，让远处的消费者能找到你，并通过之前消费者的消费体验，吸引更多的人前来。二是注册微博及专用微信账号，经常分享咖啡及生活相关的有趣的内容，吸引粉丝关注。三是积极与进店消费者互动，加深口碑营销。四是每位咖啡师要充满热情和朝气，让消费者在进店之后，充分感受到热情和专业性。五是要不断学习专业知识，不仅限于咖啡，红酒、健康、宠物等都可以成为与消费者互动的话题。

讨 / 论 / 交 / 流

讨论1：如果要开一家咖啡厅，你要做好哪些准备工作？

讨论2：决定咖啡厅经营成败的重要因素有哪些？

讨论3：如何能让咖啡厅经久不衰？

知 / 识 / 链 / 接

常见的咖啡经营模式

随着第三次精品咖啡浪潮的袭来，咖啡厅的形式越来越趋于多样化。为了适应当前市场形势，每家咖啡厅都会根据自身情况对经营模式进行调整。那么接下来，我们一起来了解一下几种常见的咖啡经营模式。

1. 传统门店式咖啡厅

门店式经营是最传统，也是最常见的一种咖啡厅经营模式。它不仅能为顾客提供醇香的咖啡，还能为上门顾客营造一份安逸舒适的环境，满足广大咖啡消费者的小资情怀。

在门店式咖啡厅中，消费者一般都能获得良好的消费体验，因此有利于咖啡厅培养熟客，一家口碑不错的咖啡厅一般都能够获得稳定且稳步上升的客源。而且，门店式咖啡厅能够为顾客提供的餐饮样式相对更加丰富，除咖啡外，一般还包括餐点料理、甜点小吃、花茶饮品等。不仅能够为咖啡厅带来更高的营业额，还更好地满足了顾客的消费需求。

目前在咖啡厅加盟市场中，基本都是以这种门店式咖啡厅加盟模式为主，如星巴克、麦咖啡等。

2. 移动式咖啡厅

这种咖啡厅经营模式兴起于国外，近年来在国内出现。它起源于“快餐车”，移动式咖啡厅其实是将一辆货车改装成一个可以移动的咖啡厅，车内搭载各种咖啡制作设备，甚至还有简单的烹饪设备。有些移动式咖啡厅的货车上甚至还设置了固定座位。

移动式咖啡厅的好处是经营成本低，而且不像门店式咖啡厅那样，受到人流量的局限，可以自主选择消费人群。不过其不可能培养固定顾客群，且顾客的消费体验较差。受国内政策限制，很少能在城市里找到这种形式的咖啡厅。

3. 摊车式咖啡

这种经营模式大家应该都不陌生，它是成本最低的咖啡经营模式，其形式与移动式咖啡厅很相似，不过条件更加简单，只要一个餐饮推车即可，一般也不会为消费者提供固定座位。这也是欧美一些国家常见的小摊贩形式，流动性较大。

4. 复合式咖啡厅或跨界咖啡厅

这种咖啡厅想必大家都听说过，如常见的“书店+咖啡厅”（如悦榄树咖啡）、“网吧+咖啡厅”（如网渔网咖），这种咖啡厅经营模式将引领咖啡厅向多元化经营模式发展。另外花艺、陶艺、定制服饰、生活类教育等都是可以与咖啡厅结合得比较好的要素。但凡能提高消费者体验感的要素都可以和咖啡厅结合。

近年来，中国城市中出现的互联网平台性质的跨界咖啡厅也越来越多，如北京的3W咖啡、车库咖啡，以及现今迅速蹿红的瑞幸咖啡。

5. 无人咖啡厅

2017年，中国互联网巨头阿里巴巴在杭州的第一届淘宝造物节中开出第一家智能无人咖啡厅概念店，刷新人们对咖啡的理解和印象。也许，未来有更多的可能，等待同学们去发现、去创新。

实/践/活/动

分组扮演咖啡厅工作人员和顾客，模拟咖啡服务过程，并记录下每个环节的服务用语。

礼貌礼节（10分）	仪容仪表（10分）	过程规范性（20分）	动作娴熟度（20分）	用语规范性（20分）	环境布置（20分）

任务3 咖啡师职业生涯

情/境/导/入

今天，Willa被一则新闻深深地吸引了。星巴克作为咖啡界的巨头，在那里工作是每个从事咖啡行业的人的梦想。Willa也不例外，她查阅了很多关于星巴克的资料，更加坚定了自己的信念，她想成为一个优秀的咖啡师，梦想将来的某一天能拥有自己的咖啡厅，她希望能在星巴克跨出职业生涯的第一步。于是，她默默地打开了自己的邮箱，开始投送简历。

作为咖啡师，她该如何规划职业生涯？Willa再次打开电脑，想通过星巴克了解咖啡师的职业生涯。

◆ 学/学/做/做 ◆

咖啡师的职业生涯发展
——以星巴克为例

星巴克的员工之间有一个亲切的称呼——伙伴。他们把同事看作家人和工作上并肩作战的战友。同时，星巴克对咖啡师有很好的职业规划，给内部工作人员营造了积极、奋进、向上的工作氛围。这大概也是那么多年轻人愿意去星巴克的原因。

1. 一般店员：绿色围裙

通常一般星巴克的店员都穿着绿色围裙，绿色围裙代表他们受过统一的训练，接待客人和制作咖啡都有一定水准。有能力调制一般的咖啡，无论是接待客人还是制作咖啡都有星巴克水准。

2. 咖啡大师：黑色围裙

黑色围裙在星巴克内部是一种身份的象征，客户有任何关于咖啡的问题，都能在咖啡大师那里得到解答。

星巴克内部每年有一次严格的等级考试，包括笔试和面试，一名店员需要通过这个考试才能得到黑色围裙，拥有黑色围裙的人称为“咖啡大师”（Coffee Master）。要获得这个最高荣誉，需要同时具备三项精品咖啡大使特质：

（1）丰富的咖啡知识；

（2）有创意及亲切的服务；

（3）准确地调制出顾客点选的咖啡饮料等。

3. 咖啡公使：咖啡色围裙

咖啡色围裙在星巴克中是稀有的存在，拥有咖啡色围裙的人称为“咖啡大使”。

每两年，星巴克都会举行一个咖啡大使的比赛，这个比赛是全球性的，各大区分别派自己的代表去参加比赛，项目包括拉花、咖啡品尝、创意饮料、盲品、专业知识考核等，只有在这个比赛中胜出才能获得咖啡色围裙。所以每年每个大区往往只能获得个位数的咖啡色围裙，而且这个围裙的有效期限只有2年，不能永久拥有。

要想脱颖而出，必须接受严苛试炼，不能只待在自己的“象牙塔”中，还要跟着来自世界各地的星巴克大师，到咖啡原产地访问，深入了解咖啡种植。

4. 特殊高级：紫色围裙

想获得紫色围裙，员工需要参加EMEA咖啡师锦标赛（EMEA Barista Championship），并且胜出。EMEA是“Europe、Middle East and Africa”的简称，即“欧洲、中东与非洲”。所以，在中国的星巴克你是看不到紫色围裙的。

2016年，一位葡萄牙店的助理经理成为EMEA咖啡师锦标赛的总冠军，因此被加冕“紫色围裙”的殊荣。紫色围裙不光稀有，而且是地区限定款，如果你看见紫围裙，那你算是中奖了。

讨/论/交/流

讨论1：你想从事咖啡行业吗？为什么？

讨论2：你未来的就业梦想是什么？

知/识/链/接

世界咖啡大赛

世界百瑞斯塔（咖啡师）大赛（World Barista Championship，WBC）是每年由世界咖啡协会承办的卓越的国际咖啡大赛。大赛宗旨是推出高品质的咖啡，促进咖啡师职业化。一年一度的大赛吸引了世界各地的观众。

每年，超过50多个国家的冠军代表，在15分钟的音乐声中、以严格的标准做出4杯意式浓缩咖啡、4杯卡布奇诺和4种特色饮品。

来自世界各地的WCE评委对每个作品的口感、洁净度、创造力、技能和整体表现做出评判（打分）。通过咖啡师的想象力和丰富的咖啡知识，将独特口味和经验呈现在评委面前。

从第一轮比赛中胜出的12名选手将晋级半决赛，半决赛中胜出的6名选手将晋级决赛，决赛胜出者将成为年度世界百瑞斯塔（咖啡师）大赛冠军！

反/思/评/价

通过本任务的学习，写出你的收获。

我完成了：________________

我学会了：________________

我最大的收获：________________

我遇到的困难：________________

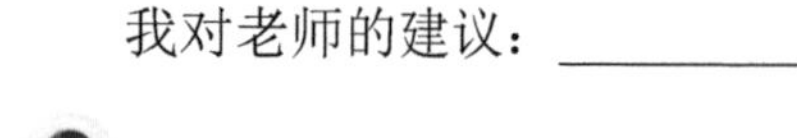

我对老师的建议：________________

实/践/活/动

请描述你的职业梦想。

项目6 咖啡与配餐

任务1 咖啡与西点

情/境/导/入

咖啡配西点，可谓郎才女貌、天作之合。咖啡的种类有很多，甜品的款式也不少，怎样才能从众多的咖啡和甜品中选择最佳搭档呢?

今天我们将为大家开启一个搭配思路。

学/学/做/做

搭配一：羊角包

按照味蕾原理，咸味若遇到苦味，二者结合会产生微弱的甜味。所以当你选用单品美式咖啡时，搭配微带咸味的羊角包（见图6-1）会较适宜。因羊角包不是一款口味浓郁的糕点，因此不适合搭配太浓烈的咖啡。

图6-1　羊角包

原料配比

高筋粉	375 g	干酵母	15 g
低筋粉	375 g	盐	15 g
砂糖	66 g	牛奶（冰）	300 g
水（冰）	135 g	黄油	50 g
片状黄油	400 g		

制作过程

1．将所有原料（除片状黄油）倒入搅拌器中搅拌成团，在常温下静置2.5小时。
2．将静置后的面团擀成长方形，用保鲜膜包裹，放入冷冻室冷冻4小时。
3．待面团回温后，包入片状黄油，起酥，叠3次3层。
4．整形。
5．醒发：温度为28 ℃，湿度为75%，醒发3小时。
6．烘烤：温度为175 ℃。

搭配二：玛德琳

在食物与饮品的搭配原理中，如果一种食物口味太过于浓重突出，必将压制另一种食物味道和香气的发挥。玛德琳（见图6-2）的淡雅搭配加糖加奶的拿铁会使口感更丰富、味道更有层次感。

图6-2 马德琳

原料配比

中筋粉	180 g	泡打粉	7 g
黄油	180 g	白砂糖	170 g
黄糖	20 g	柠檬皮	1.5 g
盐	少许	鸡蛋	200 g
香草精	10 ml		

制作过程

1. 将马德琳磨具刷黄油、撒一层薄干粉。
2. 面粉与泡打粉过筛。
3. 将软化的黄油与糖、柠檬屑用打蛋器打发，先低速后中速。
4. 盐、鸡蛋和香草精混合均匀，然后分3～4次加至黄油混合物中，打至充分融合。
5. 取下搅拌桶，倒入中筋粉与泡打粉混合物，用软刮刀拌匀即可。
6. 将面糊倒入裱花袋，挤入玛德琳模具。
7. 烘烤：时间为10分钟，温度为上火204 ℃，下火195 ℃。

搭配三：华夫饼

图6-3　华夫饼

拿铁、卡布奇诺、摩卡等花式咖啡不仅含有浓郁的咖啡香，更融合了牛奶、巧克力酱、酒、奶油等材料的特殊香气，搭配口味清爽的华夫饼（见图6-3）也是一个上佳的选择。

原料配比

高筋粉	140 g	低筋粉	60 g
绵白糖	20 g	盐	2 g
奶粉	10 g	干酵母	4 g
鸡蛋	40 g	黄油	30 g
水（冰）	50 g	炼乳	20 g
片状黄油	100 g	红豆酱	200 g

制作过程

1. 将两种面粉、盐、绵白糖、奶粉、鸡蛋、水、干酵母、炼乳放入搅拌桶，低速搅拌10分钟。
2. 揉成团，静置30分钟。
3. 切分面团，擀成长方形，放入烤盘，急速冷冻至4度。
4. 取出面团，包入片状黄油。
5. 以起叠酥方式擀开面团，3折两次，静置1小时，再叠一次3折。
6. 擀成0.25厘米厚，用直径8厘米的钢圈按出圆圈。
7. 取出两片圆面片，其中一片放入10 g红豆酱，另一片盖面。
8. 醒发：温度为32 ℃，湿度为75%，时间为60分钟。
9. 放入华夫烘烤模，170 ℃烘烤4分钟至金黄。

【技术指点】

起酥的注意事项：

1. 包酥时面皮与酥面的软硬度必须一致，否则易造成破裂。

2. 夏天温度高时可将黄油及酥面放入冰箱冷藏片刻后再食用，这样可确保成品的层次清晰。

3. 面团放置在外的时间不可过长，否则表面易结皮。

4. 擀皮时需用力一致，不宜用力过重，不宜擀太薄。

5. 若做羊角包等卷酥，面皮要卷紧，防止松散。

6. 包制生胚时需注意双手灵活包捏，速度快、成型准，双手用力均匀，不可过重。

讨/论/交/流

1. 醇厚浓郁的咖啡适合什么口感的西点？

2. 温和顺滑的咖啡适合什么口感的西点？

3. 如果让你自由搭配，你会怎么搭配？为什么？

知/识/链/接

西点的基本原料

1. 面粉：为呈现不同西点成品的特色需求，需搭配不同筋性的面粉调配使用。高筋粉的蛋白质含量高，筋性强，容易形成强韧的筋性，是制作面包的主材料。低筋粉的蛋白质含量低，筋性差，是蛋糕类的主原料。

2. 奶油：无盐奶油是不含盐分的奶油，具有发酵的香味；发酵奶油带有乳酸发酵的微酸香气，风味浓厚，含水量较少，可为制品带来十足香气；片状奶油用于折叠面团时裹入使用。

3. 乳制品：牛奶，含有乳糖，提升风味，增加微甜的口感及香气；鲜奶油，具有浓醇的风味，用于装饰及增加制品口感；奶粉，由牛奶干燥制成的粉末，带有乳香气味。

4. 糖类：砂糖，除增加甜味外，还能增加面包蓬松感，制品保湿性高，改善口感；糖粉，将细砂糖磨碎成粉，可用于表面装饰等；蜂蜜，可提升香气，有湿润口感以及上色作用；葡萄糖浆，用于各种搭配。

实/践/活/动

通过本任务的学习，请你设计几款咖啡与西点的组合。

	咖　啡	西　点	组合的理由
组合一			
组合二			
组合三			

任务2 咖啡与中式点心

情/境/导/入

对很多“咖啡控”来说，每天一杯优质香浓的咖啡是绝佳的享受。但若再搭配合适的点心，那绝对是一场绝佳的味蕾体验。其实，咖啡不是只能配合西点。

当咖啡遇上口味淡雅的中式点心时，将会是一场怎样的体验呢?

学/学/做/做

搭配一：山竹酥

山竹酥如图6-4所示。

图6-4　山竹酥

原料配比

紫薯泥	50 g	猪油	130 g
中筋面粉	500 g	水	150 g
莲蓉馅	200 g	山楂条	1个

制作过程

1．搓酥心：将200 g面粉与100 g猪油充分搓匀，备用。

2．调水油面：300 g面粉中加30 g猪油和紫薯泥，加入150 g水，调成面团1，搓光滑，静置15分钟。

3．起酥：将饧好的面团包入面团1，擀酥并完成两次折叠，折叠层次为4 × 4。切成10 cm × 7 cm的长方形片12片。

4．包酥：10片长方形酥面中包入莲蓉馅，2片长方形酥面中包入山楂条做小卷酥。

5．成型：油温120° 时下锅炸。

搭配二：棉花杯

棉花杯如图6-5所示。

棉花杯口感绵软香甜，散发着淡淡的椰香，配上一杯口味清新的咖啡，会有别样的感觉。

图6–5 棉花杯

原料配比

低筋粉	300 g	澄粉	75 g
绵白糖	250 g	鸡蛋清	80 g
黄油	60 g	椰浆	250 g
泡打粉	20 g	白醋	20 g

制作过程

1．将黄油放在碗中隔着热水化开，将所有粉类混合过筛，倒入容器中。加入椰浆，拌匀，注意不要上劲。

2．将鸡蛋清缓缓倒入容器中混合均匀。

3．将黄油缓缓倒入容器中混合均匀。

4．将白醋缓缓倒入容器中混合均匀。

5．将调制好的面糊装入裱花袋，挤入一次性花杯。

6．上笼用旺火蒸制10分钟。

搭配三：紫薯茄子

紫薯茄子如图6-6所示。

图6-6 紫薯茄子

原料配比

大米粉	200 g	糯米粉	75 g
紫薯（熟）	150 g	绵白糖	40 g
自制黄豆馅	200 g	色拉油	少许

制作过程

1．将紫薯（熟）去皮放入不锈钢平底锅，加入适量清水，拌匀、烧开。加入大米粉、糯米粉、绵白糖烫熟。

2．将烫熟的紫薯粉团倒在案板上，用面刮板刮均匀。

3．将揉搓光滑的紫薯面团搓条、下剂，剂子重20 g，包入黄豆馅，搓成茄子的形状。在面团中加豆沙馅，使粉团颜色变深，搓成3根细细的长条，做成茄子的叶柄。

4．将做好的紫薯茄子放入蒸笼。

5．待水烧开后，上笼蒸制6～8分钟。

6．蒸好的紫薯茄子出锅后，刷上色拉油。

【技术指点】

1. 米粉制品在调制面团时，尽量用紫薯泥或热水将米粉烫熟，防止米粉开裂。
2. 棉花杯蒸制时用旺火，容易开花。

◆ 讨/论/交/流 ◆

1. 紫薯茄子中的紫薯泥是否可以换成其他蔬菜泥或者蔬菜汁？
2. 绿豆糕中如果加入抹茶粉，将会是什么口感？
3. 棉花杯中的泡打粉能否换成干酵母？

知/识/链/接

和　面

和面是面点制作的首道工序，其直接影响成品质量。水调面团在调制时，水温和加水量在调制不同的面团时有所不同，如各种面条、饺子需要用冷水和面，花式蒸饺要用温水和面，烧麦和锅贴则要用开水烫面。要根据面团的用途掌握好加水量和水温，并要勤学、勤练。

正确的和面方法：和面时水一般分三次加入。面粉倒在盆里或面板上，中间扒出一个凹塘，将水慢慢倒进去，第一次加水量约为全部加水量的70%，用工具或手将面粉搓成雪花面，第二次加水量为全部加水量的20%左右，将水和面充分调和，第三次根据面团的软硬情况决定是否再加水，如果加水，一般比例低于10%。初学者很难控制用水量，往往会出现面团调得过“硬”或过“软”。要准确调好面团，应熟悉各种面团的大致加水量。例如，制作蒸饺时，500 g面粉加225～250 g温水（水温60 ℃）；制作面条时，500 g面粉加210～220 g冷水。

和面可采用手工和面或机器和面。手工和面的手法一般有三种：

1. 抄拌法。将面粉放入盆中，中间掏一个大坑，倒入一定量的水，双手伸入盆内，从外向内，由下向上，反复抄拌成团，要求用力均匀适当，手不沾水，以粉推水，促使水、粉结合成团。这是北方点心应用最多的和面方法，主要适用于和制用量较大的各类面团。

2. 调和法。将面粉放在案板上，围成中间薄四边厚的大圆坑形，将水倒入中间，一只手五指张开，从内向外和面，另一只手持面刮板，辅助将周围面粉往中间推，边推边和，调和成团。要求手法灵活，动作迅速，不让水溢出。这是南方点心应用较多的和面方法，主要适用于用量较少的各类面团的和制。

3. 搅和法。将面粉放在盆内加水搅和，或将面粉倒入煮沸的水中迅速搅和，使水、面快速混合均匀。一般适用于保暖性强的热水面团、米粉面团或稀薄的面浆、蛋浆等。

反/思/评/价

通过本任务的学习，写出你的收获。

我完成了：____

我学会了：____

我最大的收获：____________________________________

我遇到的困难：____________________________________

我对老师的建议：__________________________________

实/践/活/动

通过本任务的学习，请你尝试制作一种中式点心。

品　名	原料配比	制作过程	成功与失败体验

任务3　咖啡与亚洲菜

情/境/导/入

西餐馆里有咖啡，咖啡厅里有西餐，这是我们大家都熟知的。在环境优雅的咖啡厅里，一份色、香、味俱全的大餐，会不会让人垂涎欲滴？那么，让我们给咖啡一个机会，让它的朋友不只是甜点、巧克力等。让咖啡成为餐前的开胃饮品，或者，让菜品成为咖啡厅的美食特色享受吧。

学/学/做/做

搭配一：金枪鱼沙拉

金枪鱼沙拉如图6-7所示。

图6-7　金枪鱼沙拉

原料配比

主料：

金枪鱼罐头	1罐	鸡蛋	1个
胡萝卜	50 g	紫甘蓝	1/2个
圆白菜	1/3个	芝士粉	15 g
杏仁	10 g		

辅料：

圣女果	3个	洋葱	30 g

酱汁调料：

芥末酱	1小匙	苹果醋	2小匙
黑胡椒粉	1/2小匙	盐	2 g
橄榄油	2大匙		

制作过程

1．将芥末酱、黑胡椒粉、橄榄油、苹果醋、盐搅拌均匀，调成沙拉酱汁备用。

2．将鸡蛋煮熟去壳后，纵向切成6瓣，洋葱洗净切粒。

3．圣女果洗净对半切开，紫甘蓝、圆白菜洗净切丝，胡萝卜去皮洗净切条，圆白菜放入沸水中氽烫熟。

4．将鸡蛋、圣女果、紫甘蓝、圆白菜、胡萝卜、金枪鱼、洋葱粒混合，撒上芝士粉、撒上杏仁片，盛入碗中浇入酱汁即可食用。

搭配二：黑松露土豆泥

黑松露土豆泥如图6-8所示。

图6-8 黑松露土豆泥

原料配比

红皮土豆	300 g	黄油	50 g
淡奶油	50 g	黑松露	20 g
黑松露酱	20 g	海盐	10 g

制作过程

1．先将红皮土豆用烤箱120 ℃烤软，去皮，用过筛网过滤。

2．将黄油加热至融化，放入土豆泥，边搅拌边加入淡奶油、黑松露酱，最后用盐调味。

3．撒上黑松露片即可装盘。

搭配三：姜汁南瓜汤

姜汁南瓜汤如图6-9所示。

图6-9　姜汁南瓜汤

原料配比

南瓜	300 g	生姜	10 g
洋葱	10 g	黄油	少许

制作过程

1．南瓜用烤箱120 ℃烤至软烂。

2．锅内放入黄油、洋葱、生姜以及烤好的南瓜一起炒制少许时间，加水煮开，倒入搅拌机打成泥。

3．将搅拌后的泥倒入锅内，可加入奶油、蜂蜜等调味。

搭配四：法式佩里戈尔黑鳕鱼

法式佩里戈尔黑鳕鱼如图6-10所示。

图6-10　法式佩里戈尔黑鳕鱼

原料配比

黑鳕鱼	100 g	鹰嘴豆	20 g
时令蔬菜	少许	青豆	20 g
菠菜	100 g	奶油酱	100 g
生抽	20 g	盐	5 g
黑胡椒	5 g		

制作过程

1. 先将黑鳕鱼用盐和黑胡椒进行腌制。
2. 青豆和菠菜进行焯水，用机器打成泥，然后用生抽调味。
3. 将黑鳕鱼用平底锅两面煎上色，放入烤箱烘烤4分钟，温度为180 ℃。
4. 将时令蔬菜焯水，用黄油、盐、黑胡椒碎调味。
5. 将鹰嘴豆焯水剥去表皮，用奶油酱调味。
6. 装盘。

搭配五：55 ℃低温安格斯牛柳

55℃低温安格斯牛柳如图6-11所示。

图6-11 55℃低温安格斯牛柳

原料配比

牛柳	200 g	帕玛森芝士	20 g
土豆	20 g	淡奶油	50 g
黄油	50 g	青豆	20 g
菠菜	100 g	红酒	100 g
百里香	2 g	黑胡椒	5 g
大蒜	5 g	盐	10 g
豆蔻	5 g	黄汁粉	4 g
生抽	20 g		

制作过程

1. 将牛柳用盐和黑胡椒、大蒜、百里香腌制，然后用真空袋抽真空，低温55 ℃水浴45分钟。
2. 土豆去皮切片，锅里加入淡奶油、黄油、盐、黑胡椒、豆蔻、大蒜调味，然后一层土豆、一层酱地堆起来，最后撒上芝士。
3. 青豆和菠菜焯水，用机器打成泥，用生抽调味。
4. 加热红酒和黄汁粉，煮制浓稠即可。
5. 帕玛森芝士擦成末在平底锅里煎至金黄即可。

【技术指点】

1. 低温慢煮的温度不宜超过70 ℃，以减少水分和口味的流失。温度过高易出现严重缩水现象。

2. 做土豆泥时，选取含高淀粉的红皮土豆为好，它相对于一般土豆口感更糯，汁多且有黏性。

讨/论/交/流

1. 制作土豆泥时，是否可以根据自己的口味需求加入奶油、牛奶等原料？

2. 对比低温牛肉与煎制牛肉的区别。

反/思/评/价

通过本任务的学习，写出你的收获。

我完成了：____________________

我学会了：____________________

我最大的收获：____________________

我遇到的困难：____________________

我对老师的建议：____________________

附录A 咖啡英语

一、普通咖啡菜单

1. Italian Style Coffee	意式咖啡
Espresso	意式浓缩
Americano	美式
Cappuccino	卡布奇诺
Latte	拿铁
Machiato	玛琪雅朵
Mocha	摩卡
Affogato	阿芙佳朵
2. Brew Coffee	手冲咖啡
Brazilian	巴西
Colombian	哥伦比亚
Mendeling	曼特宁
Kenya AA	肯尼亚（特级）
Ethiopian Yirgacheffe	埃塞俄比亚耶加雪菲
Jamaican Blue Mountain	牙买加蓝山
Panama Geisha	巴拿马瑰夏
3. Ice Brew	冰酿
Ice Beauty（Blend）	冰美人
Snow in Kilimanjaro	乞力马扎罗的雪

二、咖啡厅常用英语词汇

Ⅰ 服务程序（Service procedure）

1. 问候	Greeting	2. 入座	Seating the Guests
3. 递菜单	Showing the menu	4. 点菜	Taking orders
5. 出品	Offering food & beverage	6. 席间服务	Service during the meal
7. 结账	paying the bills	8. 送客	Saying thanks & good-bye

Ⅱ 菜单（Menu）

1. 餐牌本 menu

2. 蛋糕 cake

草莓	strawberry	巧克力	chocolate	黑森林	black forest
芝士	cheese	车厘子	cherry	蛋挞/果挞	egg tart/ fruit tart
花生	peanut	栗子	chestnut	胡萝卜/甘笋	carrot
巧克力奶油冻	chocolate mousse				

3. 雪糕 ice cream

4. 制作方式 method of cocking

烟熏	smoke	炒	fry	蒸	steam
煮	boil	炖	braise/stew/poach	烩	stew
烘焙	bake	熘	saute	烤	roast
煎	panfry	炸	deep-fry		

5. 配料 ingredients

蒜	garlic	咸菜	pickle	香草	herb
洋葱	onion	柠檬	lemon	姜	ginger
油	oil	橄榄油	olive oil		

6. 沙律汁 salad dressing

恺撒汁	Caesar dressing	千岛汁	Thousand Island dressing
法汁	French dressing	油醋汁	oil & vinegar dressing
意大利汁	Italian dressing	塔塔酱	Tartar sauce
蛋黄酱	mayonnaise		

7. 调料 condiments

茄酱	ketchup	塔巴斯科辣椒	Tabasco	美极油	maggi
酱油	soy sauce	芝士粉	cheese powder	醋	vinegar
辣椒酱	chili sauce	芥辣	mustard/wasabi		

8. 扒类 steak

   生熟 R,MR,MW,WD,VWD

9. 汁 Dressings/seasonings

黑椒	black pepper	蘑菇	mushroom	班尼士	Bearnaise sauce
蒜茸香草牛油	garlic & herb butter			薄荷汁	mint sauce

10. 配料 ingredients/side dishes

酸忌廉	sour cream	葱	scallion /spring onion	烟肉碎	diced bacon
薯	baked potato	薯条	French fries	薯泥	mashed potato
饭	rice	意粉	spaghetti	时菜	seasonal vegetable

三、咖啡服务用语

1. 咖啡问候用语

How do you do!
您好!

How are you?
您好吗?

I'm fine. Thank you. And you?
我很好，多谢，你呢?

Good morning.
早上好。

Good afternoon.
中午好。

Good evening.
晚上好。

Welcome to our hotel.
欢迎光临本酒店。

2. 致谢用语及回答

Thank you!
多谢!

You are welcome.
不客气。

It's my pleasure.
这是我应该做的。

3. 道歉用语及回答

I'm sorry.
对不起。

Sorry to disturb you.
对不起，打扰您了。

Excuse me.
打扰了。

Sorry to keep you waiting.
对不起，让您久等了。

That's all right.
没关系。

Don't mention it.
别客气。

4. 恭贺用语

congratulations!
祝贺!

Have a good day!
祝你快乐!

Merry Christmas!
圣诞快乐!

Happy New Year!
新年快乐!

Happy birthday!
生日快乐!

5. 告别用语

Goodbye.
拜拜。

Have a nice trip!
旅途愉快!

Hope to see you again!
希望再次见到你!

Good night.
晚安。

6. 应用语

Yes sir/madam.
是的，先生/女士。

certainly sir/madam.
好的，先生/女士。

immediately sir/madam.
马上，先生/小姐。

7. 听不清客人的话

I beg your pardon.
请你再说一次。

Would you please speak a little more slowly?
请你说慢些好吗？

8. 迎客

Have you got a reservation?
请问您有预订吗？

Sorry the restaurant is full. Could you please wait for a moment?
对不起，餐厅已经满座了，您能稍等一下吗？

How many of you please?
请问几位？

This is way, please.
这边请。

Will this table be all right?
这张台可以吗？

9. 请客人点菜

Are you ready to order now?
您准备好点菜了吗？

What would you like to have? Would you like?
请问您想吃点什么呢？

Here is the menu.
这是菜牌（这是菜单）。

I am sorry. The dish has been sold out.
对不起，这道菜已经卖完了。

May I suggest/recommend?
我可以推荐吗？

What would you like to have for your breakfast?
您早餐想点什么？

How would you like your coffee, black or white?

您要的咖啡是浓的还是淡的?

How could you like your eggs? Sunny-side up or timed over?

您要的煎蛋是单面还是双面?

Would you like your beef stake rare, medium or well-done?

您要的牛扒是三成熟、五成熟还是全熟?

Take your time please!

请慢用!

Anything to drink?

还要饮料吗?

Your order will be ready soon.

您点的菜马上就做好。

10. 餐间服务

Would you mind serving now?

请问现在可以为您服务吗?

Excuse me.

打扰了。

Here is Today's special Dry Fried prawn.

今天的特别菜式是干炒大虾

Enjoy you meal （drink）, sir.

请慢用您的点餐（饮料）。

Take care. The soup is rather hot.

当心，这道汤比较烫。

Wait a moment. Please.

请稍等

I'll go and get it, right away.

我马上去拿。

Sorry, it takes some time for this dish.

对不起，需要一些时间做这道菜。

I'm sure everything will be all.

我肯定一切将会很好。

I'm sure everything will be all right. Next time you come.

我肯定下次您光临的时候，一切都将会很好的。

四、咖啡厅常用语句

1. 结账

How would you like to pay your bill?

您是怎样结账呢？

Would you like to pay in cash or by credit card?

您是付现金还是用信用卡？

Here is you bill.

这是您的账单。

Could you sign here, please?

您能签这儿吗？

Here is your change （credit card）.

这是找您的零钱（信用卡）。

2. 送客

I hope you have enjoyed your dinner.

希望您用餐愉快。

Thank you for coming.

多谢光临。

Welcome to come again, Good bye.

欢迎再次光临，再见。

3. 其他用语

Can we have a table by the window?

我们可以要一张靠近窗口的桌子吗？

Your table is ready madam /sir. Please step this way.

你们的桌子已准备好，先生/太太，请往这边走。

When do you close tonight?

你们何时关门？

I want to reserve a table for four tonight.

我想订一张四人桌，今天晚上的。

How would you like your steak done?

您想要牛排几成熟呢？

Would you like some dessert?

您想要甜品吗？

Would you mind waiting a few minutes?

请您稍微等几分钟可以吗？

Just a few minutes.

只要几分钟。

五、咖啡厅示范对话

A: Good morning madam. What can I get you?

早上好，您要点什么？

B: I'd like a coffee please.

我要一杯咖啡。

A: Certainly madam, what kind of coffee would you like?

好的，夫人，您要哪一种？

B: What have you got?

你们都有什么？

A: Well we have espresso, cappuccino, latte, skinny latte or americano.

我们有意式浓缩咖啡、花式咖啡、拿铁咖啡、脱脂拿铁咖啡或美式咖啡。

B: Goodness me! What a choice! I think I'll have a cappuccino please

这么多种类! 请给我一杯花式咖啡吧。

A: Here you are. You'll find the sugar just over there.

给您，砂糖就在那边。

C: Would you like something to drink?

您想喝点什么？

B: Yes please. Do you have any teas?

好的，你们有茶吗？

C: Of course we have lots of teas?

当然，我们有很多。

B: What do you recommend?

您能给推荐一种吗?

C: What about a green tea or perhaps a jasmine tea?

您看绿茶或茉莉花茶，怎么样?

B: What's this one?

这是什么?

C: That's Oolong tea – it's a Cantonese tea.

这是乌龙茶——一种广东茶

B: Ok, I'll try that.

好吧！我想试试。

附录B　咖啡厅音乐欣赏

1. New Soul — Yael Naim MV
2. You Need Me — Anne Murray
3. Could Write A Book — Eddie Higgins Trio
4. I Do Adore — Mindy Gledhill
5. Angel — Jack Johnson
6. Just You and Me — Zee Avi MV
7. Lost — Michael Bublé
8. Thanks for the Dance — Anjani
9. It's Raining — Jennifer Warnes
10. Sunrise — Norah Jones MV
11. Little Lights — Ane Brun; Syd Matters MV
12. Narrow Daylight — Diana Krall MV
13. End of May — Keren Ann
14. Flowers in December — Mazzy Star
15. I Cried For You — Katie Melua
16. The Look of Love — Diana Krall MV
17. Don't Know Why — Norah Jones
18. You're Too Pretty — Di Johnston
19. How Many Times – Ayo
20. It's a Beautiful Day — Club des Belugas
21. Apologize — Justin Williams
22. L-O-V-E — Olivia Ong
23. Feels Like the End — Shane Alexander
24. New York City — Norah Jones
25. Peach Tree — Brazzaville
26. Stars — Sara K.
27. Why Not Me — Enrique Iglesias
28. Home — Michael Bublé MV

29. The Heart of Life — John Mayer

30. When You Grow Up — Priscilla Ahn MV

31. Turn Me On — Norah Jone

注：咖啡厅音乐的选用风格，应以轻音乐和爵士乐为主，比如钢琴曲、小提琴独奏、黑管、萨克斯等。

参 考 文 献

[1] （韩）辛基旭. 我的第一本咖啡书——烘豆、手冲、萃取的完全解析[M]. 具仁淑，译. 辽宁：辽宁科学技术出版社，2016.

[2] （英）詹姆斯•霍夫曼（James Hoffmann）. 世界咖啡地图[M]. 王淇、谢博戎、黄俊豪，译. 北京：中信出版社，2016.

[3] （英）玛丽•班克斯，克里斯丁•麦费登，凯瑟琳•埃克丁森. 咖啡圣经：从简单的咖啡豆到诱人的咖啡的专业指南[M]. 徐舒仪，译. 北京：机械工业出版社，2014.

[4] （日）田口护. 滤纸式手冲咖啡萃取技术[M]. 郭欣惠，译. 北京：光明日报出版社，2015.

[5] （日）石胁智广. 你不懂咖啡[M]. 从研喆，译. 南京：江苏凤凰文艺出版社，2014.

[6] 仇杏梅. 中式面点综合技艺[M]. 重庆：重庆大学出版社，2015.